○统计前沿系列丛书

主编/张宝学 裴艳波

边传递双凯莱图及图的稳定性研究

○ 秦艳丽 著

中国统计出版社

China Statistics Press

图书在版编目(CIP)数据

边传递双凯莱图及图的稳定性研究 / 秦艳丽著.
北京 : 中国统计出版社, 2024. 12. -- (统计前沿系列
丛书 / 张宝学, 裴艳波主编). -- ISBN 978-7-5230
-0620-7

Ⅰ. O152

中国国家版本馆 CIP 数据核字第 2025790VN7 号

边传递双凯莱图及图的稳定性研究

作　　者/ 秦艳丽

责任编辑/ 宋怡璇

封面设计/ 李　静

出版发行/ 中国统计出版社有限公司

地　　址/ 北京市丰台区西三环南路甲 6 号　　邮政编码/100073

电　　话/ 邮购（010）63376909　书店（010）68783171

网　　址/ http://www.zgtjcbs.com

印　　刷/ 三河市双峰印刷装订有限公司

经　　销/ 新华书店

开　　本/ 710×1000mm　　1/16

字　　数/ 139 千字

印　　张/ 8

版　　别/ 2025 年 1 月第 1 版

版　　次/ 2025 年 1 月第 1 次印刷

定　　价/ 48.00 元

序

当今人类的思维正从牛顿和爱因斯坦等大师的经典决定论走向统计决定论，我们对万物的认识正从统计平均走向知识发现，统计学改变了我们的思想。从小样本到大样本再到大数据，扑面而来的信息革命和正在孕育的统计理论方法的变革，统计学有可能改变我们的未来。

首都经济贸易大学统计学科创建于 1962 年，拥有统计学一级学科博士点和博士后流动站，是全国工业统计学教学研究会和北京大数据协会的法人单位。本学科是北京市一级重点学科，北京市高精尖学科；统计学、经济统计学专业是国家级特色专业，国家级专业综合改革试点和国家级一流本科专业建设点。统计学科在教育部第三轮学科评估位列第 15 名，第四轮学科评估获评 B+。学科创建六十年来，共培养 5000 余名不同层次优秀人才，形成了独特的学术风格和较高的学术声誉。近年来，承担大量的国家级、省部级科研项目及横向课题，为国家及北京市发展做出突出贡献。有多位教师在全国性学术团体中担任会长、副会长、副理事长、秘书长等重要职务，有多位教师获评国家级和北京市学科带头人、北京市 (高创) 教学名师、青年教学名师等。

本学科不断凝练研究方向，组建经济统计、高维数据分析、大数据统计分析等研究团队，建设大数据实验中心和数据库项目，不断提升学科协同创新研究能力。各研究团队将最新科研成果做了系统性梳理和总结，形成了一批高质量的研究成果，为更好与国内外学者开展交流，特编辑出版此统计前沿系列丛书，内容涵盖函数型数据研究、复杂系统研究、高维数据研究和算法研究等，以期为统计学科持续发展助力。

回首过去，展望未来，首都经济贸易大学统计学院突出"立院以学术为基，治学以严谨为先"，全体教师始终致力于统计学前沿理论的创新性研究，重视原始创新和实践创新，重视研以致用、植根社会，坚持"立足北京、服务北京、面向全国、融入世界"的研究定位，努力建设全国一流财经类高校的统计学科。

张宝学

2022 年 6 月

前言

  图的对称性往往通过它的全自同构群来刻画，特别是通过其全自同构群在点集、边集和 s-弧集上的传递性来刻画。如果图 X 的全自同构群 $\mathrm{Aut}\,(X)$ 包含一个半正则子群 H 且 H 作用在该图的顶点集上恰有两个轨道，那么称图 X 是群 H 上的双凯莱图。称图 X 与完全图 K_2 的直积为图 X 的标准双重覆盖，记为 $\mathrm{D}(X)$。如果 $\mathrm{Aut}\,(\mathrm{D}(X)) \cong \mathrm{Aut}\,(X) \times \mathbb{Z}_2$，那么称图 X 是稳定的；否则称图 X 是不稳定的。图的稳定性研究，本质上是通过图的标准双重覆盖的自同构群来刻画图的对称性。图的对称性和稳定性都是代数图论领域的重要研究课题，同时在密码学和计算机网络中也有着广泛的应用。因此，本书研究 p-群上的边传递双凯莱图以及循环图和广义 Petersen 图这两类图的稳定性，具有重要的理论意义和应用前景.

  关于边传递双凯莱图，本书得到了一些相关分类结果，并利用双凯莱图构造了半对称图的无限类，具体包括：给出非交换亚循环 p-群上的连通三度边传递双凯莱图的完全分类；给出内交换 p-群上的连通三度边传递双凯莱图的完全分类；给出非交换亚循环 p-群上的连通 p 度边传递双凯莱图的完全分类；利用双凯莱图构造了三个连通六度半对称图的无限类.

  关于图的稳定性，本书主要研究了循环图和广义 Petersen 图的稳定性。首先，本书证明了每一个奇素数阶的循环图都是稳定的，且回答了 Wilson 在 2008 年提出的一个公开问题，即不存在非平凡不稳定的弧传递循环图。其次，本书完全确定了广义 Petersen 图的标准双重覆盖的全自同构群，且作为应用，证明了 Wilson 在 2008 年提出的关于广义 Petersen 图稳定性的猜想是正确的.

作 者

2024 年 12 月

目录

第 1 章

绪 论

图的对称性和稳定性都是代数图论研究领域的重要问题, 近年来引起了学者们的广泛关注. 本书针对这两方面的问题进行了研究. 关于图的对称性方面, 本书主要研究亚循环 p-群 (其中 p 为奇素数) 上的边传递双凯莱图的分类及半对称图的无限类的构造; 关于图的稳定性方面, 本书主要研究循环图的稳定性及广义 Petersen 图的稳定性.

1.1 亚循环 p-群上的边传递双凯莱图

如果群 G 有循环正规子群 N 使得商群 G/N 也是循环群, 则称 G 为亚循环群. 设 p 是素数, a 是群 G 中的一个元素, 如果 a 的阶为 p 的方幂, 则称 a 为 p-元素; 如果 a 的阶与 p 互素, 则称 a 为 p'-元素. 如果群 G 的每个元素皆为 p-元素, 则称 G 为 p-群. 特别地, 如果群 G 既是亚循环群, 又是 p-群, 则称群 G 为亚循环 p-群.

如果图 Γ 的全自同构群分别作用在其点集, 边集或弧集上传递, 则称图 Γ 是点传递, 边传递或弧传递的. 如果图 Γ 是弧传递的, 则称图 Γ 是对称的; 如果图 Γ 是边传递但不点传递的正则图, 则称图 Γ 是半对称的; 如果图 Γ 的全自同构群中包含一个同构于 H 的正则子群, 则称图 Γ 是群 H 上的凯莱图. 如果图 Γ 的全自同构群中包含一个同构于 H 的半正则子群且该子群作用在图 Γ 的顶点集上恰有两个轨道, 则称图 Γ 是群 H 上的双凯莱图.

在对双凯莱图的研究中, 一个自然的研究课题是: 给定一个有限群 H, 分类 H 上的具有某种指定性质的双凯莱图. 这一课题目前已经得到了学者们的广泛研究, 并取得了一些研究成果. 例如, Boben, Pisanski 和 Žitnik 在文献 [1] 中研究了循环群上的三度 2-型双凯莱图; Pisanski 在文献 [2] 中给出了循环群上的三度双凯莱图的分类; Kovács, Malnič, Marušič 和 Miklavič 在文献 [3] 中给出了交换群上的弧传递 1-匹配双凯莱图的分类. 近年来, Zhou 和 Feng 在文献 [4] 中给出了交换群上的三度点传递双凯莱图的分类. 更多的关于双凯莱图的研究可参见文献 [5–21]. 注意到, 亚循环群被广泛应用于构造具有某种对称性的图 (参见文献 [22–32]).

观察到, 很多著名的图例都是 p-群 (其中 p 为素数) 上的边传递双凯莱图. 例如, Petersen 图是 5 阶循环群上的三度边传递双凯莱图; Hoffman-Singleton 图是 25 阶初等交换群上的五度边传递双凯莱图 (参见文献 [33]); 最小的三度半对称图 (即 Gray 图) 是 27 阶非交换亚循环 3-群上的边传递双凯莱图. 又注意到, 文献 [34] 已经给出了交换群上的三度边传递双凯莱图的分类. 因此, 自然地, 我们提出以下问题:

问题 1.1.1   完全分类非交换亚循环 p-群上的连通三度边传递双凯莱图, 其中 p 为素数.

针对问题 1.1.1, 对 $p = 2$ 的情形, 文献 [35] 给出了 2-群上的边传递双凯莱图的一个刻画. 本书在第 3 章的定理 3.4.1 中, 对 $p \geqslant 3$, 即 p 为奇素数时, 给出了非交换亚循环 p-群上的连通三度边传递双凯莱图的完全分类, 从而部分回答了问题 1.1.1. 从该分类的结果中, 可以发现两个有趣的事实. 一是当 p 为奇素数时, 非交换亚循环 p-群上的连通三度边传递双凯莱图存在当且仅当该亚循环 p-群是内交换的; 二是当 p 为奇素数时, 非交换亚循环 p-群上的连通三度边传递双凯莱图存在当且仅当 $p = 3$. 因此, 自然地, 我们提出以下两个问题:

问题 1.1.2   完全分类内交换 p-群上的连通三度边传递双凯莱图, 其中 p 为奇素数.

问题 1.1.3   完全分类非交换亚循环 p-群上的连通 p 度边传递双凯莱图, 其中 p 为奇素数.

令 p 为一个奇素数. 本书在第 4 章的定理 4.4.1 中, 给出了内交换 p-群上的连通三度边传递双凯莱图的完全分类, 从而回答了问题 1.1.2; 在第 5 章的定理 5.3.1 中, 给出了非交换亚循环 p-群上的连通 p 度边传递双凯莱图的完全分类, 从而回答了问题 1.1.3.

1.2 半 对 称 图

半对称图最早是由 Folkman 在 1967 年介绍的. 他在文献 [36] 中构造了几个半对称图的无限类并提出了八个公开问题. 此后, 学者们关于半对称图做了很多研究工作 (参见文献 [37–41]). 他们用组合或者群论的方法给出了这类图的新的构造方法, 并且几乎解决了 Folkman 在文献 [36] 中提出的所有公开问题. 可以看到, 在关于半对称图的研究中, 用群论方法构造半对称图扮演了重要的角色. 例如, Iofinova 和 Ivanov 在 1985 年用群论方法分类了三度双本原半对称图 (参见文献 [39]). 根据群论中得到的一些深刻的结果, 如: 有限单群的分类以及图论中一些新方法如图的覆盖理论等, 关于半对称图的研究也出现了一些新的结果 (可参见文献 [42–60]). 其中, Du 和 Xu 在 2000 年用群论方法分类了 $2pq$ 阶半对称图 (参见文献 [44]). 最近几年, 一些学者开始通过双凯莱图来构造半对称图 (参见文献 [34, 35]).

本书构造六度半对称图的无限类的一个动机是来源于对 2×3^3 阶半对称图的无限类的观察. 令 p 是一个素数. Folkman 在文献 [36] 中证明了不存在 $2p$ 阶及 $2p^2$ 阶半对称图. Malnič, Marušič 和 Wang 在文献 [47] 中证明了 54 阶的 Gray 图是唯一的 $2p^3$ 阶半对称图. 最近, Wang 和 Du 在文献 [52, 53, 56] 中给出了 $2p^3$ 阶半对称图的一个子类的完全分类, 即这个子类满足图自同构群作用在半对称图的二部划分中至少一部上是非忠实的, 在这个分类结果中, 只有两个 2×3^3 阶的半对称图, 一个是三度的 Gray 图, 另一个是六度图. 而在第 3 章中, 我们构造了 2×3^n 阶三度半对称图的无限类, 其中 n 是一个正整数. 因此, 一个自然且有趣的问题是: 是否存在 2×3^n 阶六度半对称图的无限类, 其中 n 是一个正整数.

另外, 从第 5 章的分类的结果中, 我们发现非交换亚循环 p-群上的连通 p 度边传递双凯莱图存在当且仅当 $p = 3$. 也就是说, 从本书第 3–5 章的研究中并未发现非交换亚循环 p-群上的度数大于 3 的半对称双凯莱图. 而目前已知的关于

半对称图的无限类的构造大多集中在 3 度和 4 度的情形 (参见文献 [61–65]). 因此, 我们提出以下问题:

问题 1.2.1 构造非交换亚循环 p-群上的六度半对称双凯莱图, 其中 p 为奇素数.

本书第 6 章构造了三个非交换亚循环 p-群上的六度半对称双凯莱图的无限类, 其中 p 为奇素数, 从而回答了问题 1.2.1.

1.3 循环图的稳定性

称循环群上的凯莱图为循环图. 关于图的稳定性的研究, 开始于 Marušič, Scapellato 和 Salvi 在文献 [66] 中的研究, 他们用对称 $(0,1)$ 矩阵来刻画图的稳定性. 从那以后, 学者们从不同角度对图的稳定性问题做了广泛研究 (可参见文献 [67–72]). 在文献 [67] 中, 图的稳定性对寻找定向曲面上标准双重覆盖的正则嵌入起到关键的作用. 文献 [68] 给出了图的稳定性与双重自同构之间的紧密联系. 在文献 [69] 中, 因构造非平凡不稳定图而引出了广义凯莱图的定义, 并且证明了每一个非凯莱的广义凯莱图都是不稳定的. 文献 [70] 给出了构造弧传递不稳定图的一些方法, 并且作为应用, 构造了三个弧传递不稳定图的无限类. Wilson 在文献 [72] 中给出了图不稳定的一些充分条件和必要条件, 并针对包括循环图和广义 Petersen 图在内的几类图的稳定性做了研究并提出了相应的公开问题.

特别的, 在文献 [72] 的定理 C.1–C.4 中, Wilson 断言如果循环图 $\mathrm{Cay}\,(\mathbb{Z}_n, S)$ 满足下列 4 个条件之一, 那么该循环图是不稳定的 (Wilson 在文献 [72] 的原始叙述中暗含了条件 (C.3) 中的 n 是偶数):

(C.1) n 是偶数且存在偶因子 a 使得对任意 $s \in S$, 都有 $s + a \in S$;

(C.2) n 被 4 整除且存在奇因子 b 使得对任意 S 中的奇数 s, 都有 $s + 2b \in S$;

(C.3) n 是偶数且 $\mathbb{Z}_n$ 中包含子群 H 使得 $R := \{j \bmod n \mid j \in S, \ j + H \nsubseteq S\} \neq \phi$, $D := \gcd(R) > 1$ 且对任意 $j \in R$ 都有 $\dfrac{j}{D}$ 是奇数;

(C.4) n 是偶数且存在与 n 互素的整数 g 使得对任意 $s \in S$, 都有 $gs + \dfrac{n}{2} \in S$.

如果一个不稳定图是连通的非二部图且满足不同的顶点具有不同的邻域, 则称该图是非平凡的不稳定图. 在同一篇文献中, Wilson 猜想上述论断反过来也成立,

即:

猜想 1.3.1　对任意非平凡的不稳定循环图 Cay $(\mathbb{Z}_n, S)$, n 和 S 至少满足上述条件 (C.1)–(C.4) 的其中之一.

本书第 7 章将证明, 文献 [72] 定理 C.2 中的断言 (即所有满足条件 C.2 的循环图都是不稳定的) 不成立. 尽管如此, 我们用与文献 [72] 的定理 C.2 类似的证明方法可以证明, 如果循环图 Cay $(\mathbb{Z}_n, S)$ 满足下列条件, 则该循环图是不稳定的:

(C.2′) n 被 4 整除且存在奇因子 b 使得对任意奇数 $s \in S$, 都有 $s + 2b \in S$, 且对任意满足 $s \equiv 0 \pmod 4$ 或 $s \equiv -b \pmod 4$ 的 $s \in S$, 都有 $s + b \in S$.

换言之, 我们可以用条件 (C.2′) 代替条件 (C.2), 从而修复文献 [72] 的定理 C.2. 但值得注意的是, 如果用条件 (C.2′) 代替猜想 1.3.1 中的条件 (C.2), 则会导致猜想 1.3.1 不成立. 这是因为存在非平凡的不稳定循环图不满足条件 (C.1), (C.2′), (C.3) 和 (C.4). 例如, 循环图 Cay $(\mathbb{Z}_{24}, S)$, 其中 $S = \{2, 3, 8, 9, 10, 14, 15, 16, 21, 22\}$. 因此, 目前我们没有任何关于非平凡不稳定循环图分类的猜想, 我们提出下面的问题.

问题 1.3.1　分类所有非平凡不稳定循环图.

注意到, 如果 n 是奇数, 则 n 不满足条件 (C.1)–(C.4) 中任何一个条件. 因此, 我们提出下面这个比猜想 1.3.1 稍弱的猜想, 完成这个猜想的证明将给出问题 1.3.1 的部分回答.

猜想 1.3.2　不存在奇数阶的非平凡不稳定循环图.

在本书第 7 章中的定理 7.2.1 中, 我们证明猜想 1.3.2 对素数阶循环图是成立的, 即不存在奇素数阶的非平凡不稳定循环图. 利用 MAGMA [73], 我们已经搜索了所有交换群上阶小于 45 的凯莱图. 在搜索的这些图中, 不存在奇数阶的非平凡的不稳定图. 这也是我们提出猜想 1.3.2 的另一个原因. 当然, 是否存在交换群上的奇数阶非平凡不稳定凯莱图本身也是一个值得研究的问题.

另外, 在研究图的稳定性方面, 由于弧传递图与代数地图理论之间的联系, 弧传递图的稳定性受到了特别的关注 (可参见文献 [70,71]). 一般地, 弧传递一定边传递, 但反过来, 边传递不一定弧传递. 然而, 对于交换群上的凯莱图, 边传递与弧传递是等价的 (可参见引理 2.2.2). 特别的, 对于循环图, 边传递与弧传递是等价的. 在文献 [72] 中, Wilson 注意到, 尽管已经知道了很多非平凡不稳定循环图的例子, 但这些例子中没有弧传递图 (或者等价的, 没有边传递图). 因此他在该文献中提出问题 1.3.2:

问题 1.3.2   是否存在非平凡不稳定的弧传递循环图?

本书在第 7 章的定理 7.3.1 中, 证明了不存在非平凡不稳定的弧传递循环图, 从而回答了这个问题.

1.4 广义 Petersen 图的稳定性

令 n 和 k 是满足 $1 \leqslant k < \dfrac{n}{2}$ 的两个整数, 定义广义 Petersen 图 $GP(n,k)$ 的顶点集为 $\{u_0, \ldots, u_{n-1}, v_0, \ldots, v_{n-1}\}$, 其边集由以下三种形式的边构成:

$$\{u_i, u_{i+1}\}, \quad \{u_i, v_i\}, \quad \{v_i, v_{i+k}\},$$

其中 $i \in \{0, \ldots, n-1\}$, 下标为模 n 后所得的数. 特别地, 图 $GP(5,2)$ 为众所周知的 Petersen 图. 广义 Petersen 图的研究开始于文献 [74]. 此后, 广义 Petersen 图得到了广泛的研究.

特别的, 在文献 [72] 的定理 P.1–P.2 中, Wilson 证明了如果 n 和 k 满足下列两个条件之一, 则 $GP(n,k)$ 是不稳定的:

(P.1) $n = 2m$, 其中 $m \geqslant 3$ 是奇数, k 是偶数且满足 $k^2 \equiv \pm 1 \pmod{m}$;

(P.2) $n = 4k$ 且 k 是偶数.

在文献 [72] 的第 377 页, Wilson 猜想上述论断反过来也成立:

猜想 1.4.1   每一个非平凡不稳定的广义 Petersen 图 $GP(n,k)$ 都满足条件 (P.1) 或 (P.2).

本书在第 8 章的定理 8.3.2 中, 证明了猜想 1.4.1 成立. 其中, 本书主要通过研究广义 Petesen 图的标准双重覆盖 $DGP(n,k)$ 的全自同构群来证明. 需要强调的是研究 $DGP(n,k)$ 的全自同构群, 除了对证明猜想 1.4.1 至关重要之外, 其本身也很有意义. 一般来说, 要决定图的全自同构群是相当困难的. 而在文献 [75] 中, Frucht, Graver 和 Watkins 成功的确定了广义 Petersen 图 $GP(n,k)$ 的全自同构群, 本书的定理 8.3.1 则给出了关于 $DGP(n,k)$ 的全自同构群的一个平行的结果. 另外, 在近期的一篇文章 (文献 [76]) 中, Krnc 和 Pisanski 证明了所有的广义 Petersen 图都同构于某个图的标准双重覆盖, 并且他们在文献 [76] 的第 16 页谈到, 研究广义 Petersen 图的标准双重覆盖是非常有趣的. 值得注意的是, 决定 $DGP(n, k)$ 的全自同构群将非常有助于研究 $DGP(n, k)$ 的一些问题, 尤其是关于 $DGP(n, k)$ 对称性的问题.

第 2 章

预 备 知 识

除非特别声明, 本书所考虑的图都是有限, 简单, 连通, 无向图. 文中若有未被定义但已引用的概念和记号请读者查阅文献 [77–79].

2.1 基本概念及符号说明

令 Γ 是一个图, 我们用 $V(\Gamma)$, $E(\Gamma)$, $A(\Gamma)$ 和 $\mathrm{Aut}\,(\Gamma)$ 分别表示图 Γ 的点集, 边集, 弧集和全自同构群. 令 u 是图 Γ 中的任意一点. 我们用 $N_\Gamma(u)$ 表示点 u 在 Γ 中的邻域. 如果点 u 和点 v 在图 Γ 中相邻, 则记为 $u \sim v$, 并用 $\{u,v\}$ 表示 u 和 v 之间的边. 如果 $G \leqslant \mathrm{Aut}\,(\Gamma)$ 且 G 分别作用在 $V(\Gamma)$, $E(\Gamma)$ 或 $A(\Gamma)$ 上传递, 则分别称图 Γ 是 G-点传递, G-边传递或 G-弧传递的; 特别地, 如果上述 $G = \mathrm{Aut}\,(\Gamma)$, 则称分别称图 Γ 是点传递, 边传递或弧传递的. 弧传递图也称为对称图. 边传递但不点传递的正则图 Γ 也称为半对称图.

令 $s \geqslant 1$. 图 Γ 的一条 s-弧是指 Γ 中由 $s+1$ 个顶点组成的一个 $s+1$ 元有序组 $(v_0, v_1, \ldots, v_s)$, 满足对任意 $1 \leqslant i \leqslant s$ 都有 $v_{i-1} \sim v_i$ 且对任意 $1 \leqslant i \leqslant s-1$ 都有 $v_{i-1} \neq v_{i+1}$. 将 1-弧简称为弧. 令 $G \leqslant \mathrm{Aut}\,(\Gamma)$. 如果 G 作用在 Γ 的 s-弧集合上传递或正则, 则称图 Γ 是 (G,s)-弧传递的或 (G,s)-弧正则的. 如果 G 作用在 Γ 的 $(s+1)$-弧集上不传递, 则称一个 (G,s)-弧传递图 Γ 是 (G,s)-传递的. 分别称 $(\mathrm{Aut}\,(\Gamma), s)$-弧传递图, $(\mathrm{Aut}\,(\Gamma), s)$-弧正则图和 $(\mathrm{Aut}\,(\Gamma), s)$-传递图为 s-弧传递图, s-弧正则图和 s-传递图. 特别地, 0-弧传递图即为点传递图, 1-弧传递图

即为弧传递图或对称图. 众所周知, 三度 s-传递图也是 s-弧正则图.

令 G 是关于集合 Ω 的一个置换群且 $\alpha \in \Omega$. 记 G_α 为 α 在群 G 中的点稳定子, 即 G 中所有不动点 α 的元素构成的子群. 如果对任意 $\alpha \in \Omega$, 都有 $G_\alpha = 1$, 则称 G 作用在 Ω 上半正则. 如果 G 作用在 Ω 上半正则且传递, 则称 G 作用在 Ω 上正则. 称每个真子群都交换的非交换群为内交换群.

令 n 为一个正整数. 我们用 $\mathbb{Z}_n$, $\mathbb{Z}_n^*$, D_{2n}, A_n 和 S_n 分别表示 n 阶循环群, 与 n 互素的模 n 的同余类乘法群, $2n$ 阶二面体群, n 级交错群和 n 级对称群. 注意, 由于 n 阶循环群在同构意义下只有一个, 同构于模 n 的剩余类加法群, 故在不引起混淆的情况下, 我们也用 $\mathbb{Z}_n$ 特指模 n 的剩余类加法群. 令 G 是一个有限群. 我们用 $\mathrm{Aut}\,(G)$, $Z(G)$, G', $\Phi(G)$ 和 $\exp(G)$ 分别表示群 G 的自同构群, 中心, 导群, Frattini 子群和方次数. 对任意 $x, y \in G$, 我们用 $o(x)$ 表示元素 x 的阶, 用 $[x, y]$ 表示元素 x 和 y 的换位子 $x^{-1}y^{-1}xy$. 对于群 G 的一个子群 H, 用 $C_G(H)$ 表示 H 在 G 中的中心化子, 用 $N_G(H)$ 表示 H 在 G 中的正规化子. 设 M 和 N 是两个群, $N \rtimes M$ 表示 N 被 M 的半直积.

2.2　关于凯莱图的一些结果

如果图 Γ 的全自同构群中包含一个同构于 H 的正则子群, 则称图 Γ 是群 H 上的凯莱图. 注意到, 凯莱图有如下等价的定义. 设 G 是一个有限群, S 是 G 的一个非空子集, 满足 $1 \notin S$ 且 $S^{-1} = S$. 定义 G 关于 S 的凯莱图 $\Gamma = \mathrm{Cay}\,(G, S)$ 为具有顶点集 $V(\Gamma) = G$, 边集 $E(\Gamma) = \{\{g, sg\} \mid g \in G, s \in S\}$ 的图. 令 $R: G \to \mathrm{Sym}(G)$ 是 G 的右正则表示且

$$\mathrm{Aut}\,(G, S) = \{\alpha \in \mathrm{Aut}\,(G) \mid S^\alpha = S\}.$$

容易验证

$$R(G) \rtimes \mathrm{Aut}\,(G, S) \leqslant \mathrm{Aut}\,(\mathrm{Cay}\,(G, S)). \tag{2.1}$$

如果 (2.1) 式的等号成立, 则称 Γ 为 G 上的正规凯莱图; 否则, 称 Γ 为 G 上的非正规凯莱图.

下面的两个引理是众所周知的结论. 为了本书的完整性, 我们也给出其证明.

引理 2.2.1　如果 $\mathrm{Aut}\,(G, S)$ 作用在集合 S 上传递, 则凯莱图 $\mathrm{Cay}\,(G, S)$ 弧传递.

证明 注意到 $\operatorname{Aut}(G,S) \leqslant \operatorname{Aut}(\operatorname{Cay}(G,S))_1$. 假设 $\operatorname{Aut}(G,S)$ 作用在集合 S 上传递, 则点稳定子群 $\operatorname{Aut}(\operatorname{Cay}(G,S))_1$ 作用在点 1 的邻域上传递. 这结合 $R(G) \leqslant \operatorname{Aut}(\operatorname{Cay}(G,S))$ 作用在 $\operatorname{Cay}(G,S)$ 的点集上传递, 可推出 $\operatorname{Cay}(G,S)$ 弧传递.

引理 2.2.2 交换群上的凯莱图弧传递当且仅当边传递.

证明 令 G 是一个交换群, $\operatorname{Cay}(G,S)$ 是群 G 上的一个凯莱图. 显然, $\operatorname{Cay}(G,S)$ 弧传递可推出其边传递. 下面我们证明 $\operatorname{Cay}(G,S)$ 边传递可推出其弧传递. 因为 G 是交换群且 $S = S^{-1}$, 故映射 $\tau\colon x \mapsto x^{-1}$, $x \in G$ 是群 G 的一个自同构且 $\tau \in \operatorname{Aut}(G,S)$, 从而 $\tau \in \operatorname{Aut}(\operatorname{Cay}(G,S))$. 因此, 对于 $\operatorname{Cay}(G,S)$ 中任意两个相邻的点 x 和 y, 我们有 $R(x^{-1})\tau R(y) \in \operatorname{Aut}(\operatorname{Cay}(G,S))$ 且 τ 互变 x 和 y. 这结合 $\operatorname{Cay}(G,S)$ 边传递可推出 $\operatorname{Cay}(G,S)$ 弧传递.

称循环群上的凯莱图为循环图. 下面的引理给出连通弧传递非正规循环图的一个刻画. 该结果由 Kovács 在文献 [80] 中和 Li 在文献 [81] 中分别独立给出. 这里我们根据第 7 章的例 7.1 重述文献 [80] 的定理 1.

命题 2.2.1 令 Γ 是一个 n 阶连通弧传递非正规循环图. 则下列之一成立:

(a) $\Gamma = K_n$;

(b) $\Gamma = \Sigma[\overline{K_d}]$, 其中 Σ 是 m 阶连通弧传递循环图, 满足 $n = md$ 且 $d > 1$;

(c) $\Gamma = \Sigma \times K_d$, 其中 Σ 是 m 阶连通弧传递循环图, 满足 $n = md$, $d > 3$ 且 $\gcd(m,d) = 1$.

如果对任意同构于 $\operatorname{Cay}(G,S)$ 的凯莱图 $\operatorname{Cay}(G,T)$, 都存在 $\sigma \in \operatorname{Aut}(G)$ 使得 $T = S^\sigma$, 则称凯莱图 $\operatorname{Cay}(G,S)$ 为 CI-图. 下面的引理可直接由命题 2.2.1 得到 (参见文献 [82] 7.3 节).

引理 2.2.3 每一个弧传递循环图都是 CI-图.

2.3 关于双凯莱图的一些结果

如果图 Γ 的全自同构群中包含一个同构于 H 的半正则子群且该子群作用在图 Γ 的顶点集上恰有两个轨道, 则称图 Γ 是群 H 上的双凯莱图. 注意到, 双凯莱图有如下等价定义. 给定一个群 H, 令 R, L 和 S 都是 H 的子集且满

足 $R^{-1} = R$ 和 $L^{-1} = L$, 其中 $R \cup L$ 不包含 H 的单位元. 则定义 H 关于 (R, L, S) 的双凯莱图 $\Gamma = \mathrm{BiCay}\,(H, R, L, S)$ 为具有点集 $V(\Gamma) = H_0 \cup H_1$ 及边集 $E(\Gamma) = E_0 \cup E_1 \cup E_{0,1}$ 的图, 其中

$$H_0 = \{h_0 \mid h \in H\}, \quad H_1 = \{h_1 \mid h \in H\},$$

$$E_0 = \{\{h_0,\ g_0\} \mid gh^{-1} \in R\}, \quad E_1 = \{\{h_1,\ g_1\} \mid gh^{-1} \in L\},$$

$$E_{0,1} = \{\{h_0,\ g_1\} \mid gh^{-1} \in S\}.$$

以下命题给出了双凯莱图的一些基本性质, 参见文献 [4] 的引理 3.1, 这些性质在本书的研究中被反复使用.

命题 2.3.1 设 $\Gamma = \mathrm{BiCay}\,(H, R, L, S)$ 是群 H 上的一个连通双凯莱图. 则下述成立:

(1) H 由 $R \cup L \cup S$ 生成;

(2) 在图的同构意义下, 可以令集合 S 包含群 H 的单位元;

(3) 对群 H 的任意一个自同构 α, 都有 $\mathrm{BiCay}\,(H, R, L, S) \cong \mathrm{BiCay}\,(H, R^\alpha, L^\alpha, S^\alpha)$.

(4) $\mathrm{BiCay}\,(H, R, L, S) \cong \mathrm{BiCay}\,(H, L, R, S^{-1})$.

令 $\Gamma = \mathrm{BiCay}\,(H, R, L, S)$ 是群 H 上的一个连通双凯莱图. 注意到, 对任意 $g \in H$, 如下定义的 $\mathcal{R}(g)$ 是 $V(\Gamma)$ 的一个置换,

$$\mathcal{R}(g) : h_i \mapsto (hg)_i, \quad \forall i \in \mathbb{Z}_2, h \in H. \tag{2.2}$$

显然 $\mathcal{R}(H) := \{\mathcal{R}(g) \mid g \in H\}$ 是 $\mathrm{Aut}\,(\Gamma)$ 的一个同构于 H 的半正则子群, 并且 $\mathcal{R}(H)$ 作用在 $V(\Gamma)$ 上恰有两个轨道 H_0 和 H_1. 如果 $\mathcal{R}(H)$ 在 $\mathrm{Aut}\,(\Gamma)$ 中正规, 则称 Γ 是 H 上的一个正规双凯莱图; 反之, 如果 $\mathcal{R}(H)$ 在 $\mathrm{Aut}\,(\Gamma)$ 中不正规, 则称 Γ 是 H 上的一个非正规双凯莱图. 如果 $N_{\mathrm{Aut}\,(\Gamma)}(\mathcal{R}(H))$ 作用在 $E(\Gamma)$ 上传递, 则称 Γ 是 H 上的一个正规边传递双凯莱图. 对于给定的 $\alpha \in \mathrm{Aut}\,(H)$ 和 $x, y, g \in H$, 容易验证如下定义的 $\delta_{\alpha,x,y}$ 和 $\sigma_{\alpha,g}$ 是 $V(\Gamma)$ 的两个置换,

$$\delta_{\alpha,x,y} : h_0 \mapsto (xh^\alpha)_1, \quad h_1 \mapsto (yh^\alpha)_0, \quad \forall h \in H,$$

$$\sigma_{\alpha,g} : h_0 \mapsto (h^\alpha)_0, \quad h_1 \mapsto (gh^\alpha)_1, \quad \forall h \in H. \tag{2.3}$$

令

$$I = \{\delta_{\alpha,x,y} \mid \alpha \in \text{Aut}(H),\ R^\alpha = x^{-1}Lx,\ L^\alpha = y^{-1}Ry,\ S^\alpha = y^{-1}S^{-1}x\},$$

$$F = \{\sigma_{\alpha,g} \mid \alpha \in \text{Aut}(H),\ R^\alpha = R,\ L^\alpha = g^{-1}Lg,\ S^\alpha = g^{-1}S\}. \tag{2.4}$$

根据文献 [35] 的定理 1.1 和引理 3.2, 可以得到下面这个命题.

命题 2.3.2 设 $\Gamma = \text{BiCay}(H, R, L, S)$ 是群 H 上的一个连通双凯莱图. 那么当 $I = \phi$ 时, $N_{\text{Aut}(H)}(\mathcal{R}(H)) = \mathcal{R}(H) \rtimes F$; 当 $I \neq \phi$ 时, 任取 $\delta_{\alpha,x,y} \in I$, 有 $N_{\text{Aut}(H)}(\mathcal{R}(H)) = \mathcal{R}(H)\langle F, \delta_{\alpha,x,y}\rangle$. 进一步的, 对任意 $\delta_{\alpha,x,y} \in I$, 下述成立:

(1) $\langle \mathcal{R}(H), \delta_{\alpha,x,y}\rangle$ 作用在 $V(\Gamma)$ 上传递;

(2) 如果 α 是 2 阶的且 $x = y = 1$, 那么 $\Gamma \cong \text{Cay}(\bar{H}, R \cup \alpha S)$, 其中 $\bar{H} = H \rtimes \langle \alpha \rangle$.

由文献 [34] 的命题 5.2, 我们可得以下命题.

命题 2.3.3 设 $\Gamma = \text{BiCay}(H, R, L, S)$ 是交换群 H 上的一个连通三度正规边传递双凯莱图. 设 m, n 是两个正整数且满足 $nm^2 \geqslant 3$. 当 $n = 1$ 时, 令 $\lambda = 0$; 当 $n > 1$ 时, 令 $\lambda \in \mathbb{Z}_n^*$ 且满足 $\lambda^2 - \lambda + 1 \equiv 0 \pmod{n}$. 令

$$\mathcal{H}_{m,n} = \langle x \rangle \times \langle y \rangle \cong \mathbb{Z}_{nm} \times \mathbb{Z}_m,$$

$$\Gamma_{m,n,\lambda} = \text{BiCay}(\mathcal{H}_{m,n}, \phi, \phi, \{1, x, x^\lambda y\}).$$

则 $\Gamma \cong \Gamma_{m,n,\lambda}$.

2.4 关于商图和边传递图的一些结果

令 Γ 是一个连通 G-边传递图且 $N \trianglelefteq G$. 称 Γ_N 为 Γ 关于 N 的商图, 其顶点集为 N 作用在 $V(\Gamma)$ 上的轨道集合, 任意两个轨道在 Γ_N 中相连当且仅当这两个轨道的点之间存在图 Γ 的边. 下面的两个命题是关于商图的结论, 分别参见文献 [83] 的定理 9 和文献 [65] 的引理 3.2.

命题 2.4.1 设 p 是一个素数且 Γ 是一个 p 度 G-弧传递图. 则 Γ 是 (G, s)-弧正则图, 其中 s 是一个正整数. 如果 N 是 G 的一个正规子群且 N 作用在 $V(\Gamma)$ 上至少有三个轨道, 那么 N 作用在 $V(\Gamma)$ 上半正则且 Γ_N 是一个 p 度 $(G/N, s)$-弧正则图.

命题 2.4.2 设 p 是一个素数且 Γ 是一个 p 度 G-边传递但非 G-点传递图. 则 Γ 是一个二部图, 设其二部划分为 $V(X) = V_0 \cup V_1$. 如果 N 是 G 的一个正规子群且 N 作用在 V_0 和 V_1 上都不传递, 那么 N 作用在 $V(\Gamma)$ 上半正则且 Γ_N 是一个 p 度 G/N-边传递但非 G/N-点传递图.

接下来, 介绍关于三度边传递图的两个命题. 这两个命题分别参见文献 [84] 的定理 3.2 和文献 [47] 的命题 2.4.

命题 2.4.3 设 Γ 是一个 $2p^n$ 阶连通三度对称图, 其中 p 是一个奇素数且 $p \neq 5, 7$, n 是一个正整数. 则 $\mathrm{Aut}\,(\Gamma)$ 的每个 Sylow p-子群都正规.

命题 2.4.4 设 Γ 是一个连通三度 G-边传递图. 则对任意 $v \in V(\Gamma)$, 点稳定子群 G_v 的阶为 $2^r \cdot 3$, 其中 $r \geqslant 0$.

2.5 群论中的一些结果

下面的命题是 N/C-定理, 参见文献 [85] 第一章的定理 4.5.

命题 2.5.1 设 H 是群 G 的一个子群. 则 $C_G(H)$ 正规于 $N_G(H)$, 商群 $N_G(H)/C_G(H)$ 同构于 $\mathrm{Aut}\,(H)$ 的一个子群.

接下来的两个命题是关于亚循环 p-群的结论, 分别参见文献 [86] 的命题 2.3 和引理 2.4.

命题 2.5.2 设 G 是包含非交换亚循环 Sylow-p 子群 P 的一个有限群. 若 P 非可裂, 则 G 有正规 p-补.

命题 2.5.3 设 P 是可裂亚循环 p-群:

$$P = \langle x, y \mid x^{p^m} = y^{p^n} = 1, yxy^{-1} = x^{1+p^l} \rangle, \quad \text{其中 } 0 < l < m, \, m - l \leqslant n.$$

则 $\mathrm{Aut}\,(P)$ 是 P 的一个正规 p-子群和 $p-1$ 阶循环子群 $\langle \sigma \rangle$ 的半直积, 其中 $\sigma(x) = x^r$, $\sigma(y) = y$, r 是模 p^m 的 $p-1$ 次本原单位根.

下面给出亚循环 p-群的一些性质, 这些性质在本书第 3–6 章的证明中经常被使用.

命题 2.5.4 设 p 是奇素数, G 是亚循环 p-群, 则 G 有下列表现:

$$G = \langle a, b \mid a^{p^{r+s+u}} = 1, b^{p^{r+s+t}} = a^{p^{r+s}}, a^b = a^{1+p^r} \rangle,$$

其中 r, s, t, u 为非负整数, 且满足 $r \geqslant 1$, $u \leqslant r$, 并且参数 r, s, t, u 的不同取值对应于不同构的亚循环群. 进一步的, 下述之一成立:

(1) 若 $|G'| = p^n$, 则对任意 $m \geqslant n$, 有

$$(xy)^{p^m} = x^{p^m} y^{p^m}, \quad \forall x, y \in G.$$

(2) 若 $x, y \in G$ 且 k 是正整数, 则

$$x^{p^k} = y^{p^k} \Leftrightarrow (x^{-1}y)^{p^k} = 1 \Leftrightarrow (xy^{-1})^{p^k} = 1.$$

证明 由文献 [89] 的定理 2.1, 我们只需证明论断 (1) 和 (2). 因为 G' 是循环群, 所以根据文献 [85] 第三章的定理 10.2(c) 和定理 10.8(g) 可得论断 (1) 成立. 再根据文献 [85] 第三章的定理 10.2(c) 和定理 10.6(a) 可得论断 (2) 成立.

引理 2.5.1 设 p 是一个奇素数, H 是如下的亚循环 p-群:

$$H = \langle a, b \mid a^{p^m} = b^{p^n} = 1, b^{-1}ab = a^{1+p^r} \rangle,$$

其中 m, n, r 都是正整数且满足 $r < m \leqslant n + r$. 则下述成立:

(1) 对任意 $i \in \mathbb{Z}_{p^m}$, $j \in \mathbb{Z}_{p^n}$, 有

$$a^i b^j = b^j a^{i(1+p^r)^j}.$$

(2) 对任意 $i \in \mathbb{Z}_{p^m}, j \in \mathbb{Z}_{p^n}$, 有

$$b^j a^i = a^{i(1+p^r)^{-j}} b^j.$$

(3) 对任意正整数 k 及任意 $i \in \mathbb{Z}_{p^m}, j \in \mathbb{Z}_{p^n}$, 有

$$(a^i b^j)^k = a^{i \sum_{s=0}^{k-1}(1+p^r)^{-sj}} b^{kj}.$$

(4) 对任意正整数 k 及任意 $i \in \mathbb{Z}_{p^m}, j \in \mathbb{Z}_{p^n}$, 有

$$(b^j a^i)^k = b^{kj} a^{i \sum_{s=0}^{k-1}(1+p^r)^{sj}}.$$

(5) 对任意 $i_1, i_2 \in \mathbb{Z}_{p^m}, j_1, j_2 \in \mathbb{Z}_{p^n}$, 有

$$(b^{j_1} a^{i_1})(b^{j_2} a^{i_2}) = b^{j_1+j_2} a^{i_1(1+p^r)^{j_2}+i_2}.$$

(6) 对任意正整数 t, k 及任意 $x \in H$, 如果 $x^{p^{2t}} = 1$, 那么

$$x^{(1+p^t)^k} = x^{1+k \cdot p^t}.$$

(7) H 的 p 阶子群为下列群之一:

$$\langle a^{p^{m-1}} \rangle, \quad \langle b^{p^{n-1}} a^{i' p^{m-1}} \rangle \ (i' \in \mathbb{Z}_p).$$

证明 对任意 $i \in \mathbb{Z}_{p^m}, j \in \mathbb{Z}_{p^n}$, 由 $b^{-1}ab = a^{1+p^r}$, 可得 $b^{-j}ab^j = a^{(1+p^r)^j}$. 因此 $b^{-j}a^i b^j = a^{i(1+p^r)^j}$. 这说明 $a^i b^j = b^j a^{i(1+p^r)^j}$, 从而论断 (1) 成立.

对任意 $i \in \mathbb{Z}_{p^m}, j \in \mathbb{Z}_{p^n}$, 有 $b^{-1}ab = a^{1+p^r}$. 令 $(1 + p^r)^{-1}$ 表示 $1 + p^r$ 在 $\mathbb{Z}_{p^m}^*$ 中的逆元, 则 $b^{-1}a^{(1+p^r)^{-1}}b = (b^{-1}ab)^{(1+p^r)^{-1}} = (a^{1+p^r})^{(1+p^r)^{-1}} = a$, 从而 $bab^{-1} = a^{(1+p^r)^{-1}}$. 这说明 $b^j ab^{-j} = a^{(1+p^r)^{-j}}$, 故 $b^j a^i b^{-j} = a^{i(1+p^r)^{-j}}$. 于是有 $b^j a^i = a^{i(1+p^r)^{-j}} b^j$, 从而论断 (2) 成立.

对任意正整数 k 及任意 $i \in \mathbb{Z}_{p^m}, j \in \mathbb{Z}_{p^n}$, 若 $k = 1$, 则论断 (3) 显然成立. 现假设 $k > 1$ 且论断 (3) 对任意小于 k 的正整数都成立. 则 $(a^i b^j)^{k-1} = a^{i \sum_{s=0}^{k-2}(1+p^r)^{-sj}} b^{(k-1)j}$, 从而

$$\begin{aligned}
(a^i b^j)^k &= a^i b^j (a^i b^j)^{k-1} \\
&= a^i b^j [a^{i \sum_{s=0}^{k-2}(1+p^r)^{-sj}} b^{(k-1)j}] \\
&= a^i [b^j a^{i \sum_{s=0}^{k-2}(1+p^r)^{-sj}}] b^{(k-1)j} \\
&= a^i [a^{(i \sum_{s=0}^{k-2}(1+p^r)^{-sj}) \cdot (1+p^r)^{-j}} b^j] b^{(k-1)j} \\
&= a^i \cdot a^{i \sum_{s=1}^{k-1}(1+p^r)^{-sj}} b^{kj} \\
&= a^{i \sum_{s=0}^{k-1}(1+p^r)^{-sj}} b^{kj}.
\end{aligned}$$

由归纳假设可得论断 (3) 成立.

对任意正整数 k 及任意 $i \in \mathbb{Z}_{p^m}, j \in \mathbb{Z}_{p^n}$, 若 $k = 1$, 则论断 (4) 显然成立. 下面假设 $k > 1$ 且论断 (4) 对于任意小于 k 的正整数都成立. 则有

$$(b^j a^i)^{k-1} = b^{(k-1)j} a^{i \sum_{s=0}^{k-2}(1+p^r)^{sj}},$$

从而

$$
\begin{aligned}
(b^j a^i)^k &= b^j a^i (b^j a^i)^{k-1} \\
&= b^j a^i \left(b^{(k-1)j} a^{i \sum_{s=0}^{k-2}(1+p^r)^{sj}} \right) \\
&= b^j \left(a^i b^{(k-1)j} \right) a^{i \sum_{s=0}^{k-2}(1+p^r)^{sj}} \\
&= b^j \left(b^{(k-1)j} a^{i(1+p^r)^{(k-1)j}} \right) a^{i \sum_{s=0}^{k-2}(1+p^r)^{sj}} \\
&= b^{kj} a^{i \sum_{s=0}^{k-1}(1+p^r)^{sj}}.
\end{aligned}
$$

由归纳假设, 论断 (4) 成立.

对任意 $i_1, i_2 \in \mathbb{Z}_{p^m}$ 及任意 $j_1, j_2 \in \mathbb{Z}_{p^n}$, 由论断 (1) 可得

$$
(b^{j_1} a^{i_1})(b^{j_2} a^{i_2}) = b^{j_1}(a^{i_1} b^{j_2}) a^{i_2} = b^{j_1}(b^{j_2} a^{i_1(1+p^r)^{j_2}}) a^{i_2} = b^{j_1+j_2} a^{i_1(1+p^r)^{j_2}+i_2}.
$$

因此, 论断 (5) 成立.

如果 $k=1$, 则论断 (6) 显然成立. 以下我们假设 $k \geqslant 2$. 由于 $x^{p^{2t}} = 1$, 故 $x^{p^{kt}} = 1$, 从而

$$
\begin{aligned}
x^{(1+p^t)^k} &= x^{[C_k^0 \cdot 1^k \cdot (p^t)^0 + C_k^1 \cdot 1^{k-1} \cdot (p^t)^1 + C_k^2 \cdot 1^{k-2} \cdot (p^t)^2 + \cdots + C_k^k \cdot 1^0 \cdot (p^t)^k]} \\
&= x^{C_k^0 \cdot (p^t)^0} \cdot x^{C_k^1 \cdot (p^t)^1} \cdot x^{C_k^2 \cdot (p^t)^2} \cdots x^{C_k^k \cdot (p^t)^k} \\
&= x \cdot (x^{p^t})^{C_k^1} \cdot (x^{p^{2t}})^{C_k^2} \cdots (x^{p^{kt}})^{C_k^k} \\
&= x \cdot x^{k \cdot p^t} \\
&= x^{1+k \cdot p^t}
\end{aligned}
$$

因此论断 (6) 成立. (其中, 对任意整数 $N \geqslant l \geqslant 0$, 记 C_N^l 为二项式系数, 即 $C_N^l = \dfrac{N!}{l!(N-l)!}$.)

令 $\Omega_1(H) = \langle x \in H \mid o(x) = p \rangle$. 由于 H 是亚循环 p-群, 故由文献 [87] 的练习 85 可得 $\Omega_1(H) \cong \mathbb{Z}_p \times \mathbb{Z}_p$. 这说明 H 有 $p+1$ 个 p 阶子群. 进一步的, H 的 p 阶子群为下列群之一: $\langle a^{p^{m-1}} \rangle$, $\langle b^{p^{n-1}} a^{i'p^{m-1}} \rangle$ $(i' \in \mathbb{Z}_p)$, 故论断 (7) 成立.

引理 2.5.2 设 p 是一个奇素数, H 是如下内交换亚循环 p-群:

$$H = \langle a,b \mid a^{p^m} = b^{p^n} = 1, b^{-1}ab = a^{1+p^r} \rangle,$$

其中 m, n, r 都是正整数且满足 $m \geqslant 2$, $n \geqslant 1$, $r = m-1$. 则下述成立:

(1) 对任意正整数 k, 有

$$a^{(1+p^r)^k} = a^{1+kp^r}.$$

(2) 对任意 $i \in \mathbb{Z}_{p^m}$, $j \in \mathbb{Z}_{p^n}$, 有

$$(b^j a^i)^p = b^{jp} a^{ip}.$$

(3) $H' \cong \mathbb{Z}_p$.

(4) 对任意 $x \in H$, 有 $x^p \in Z(H)$.

(5) 对任意 $i \in \mathbb{Z}_{p^m}, j \in \mathbb{Z}_{p^n}$ 及任意满足 $k \equiv 1 \pmod{p}$ 的正整数 k, 有

$$(a^i b^j)^k = a^{ik} b^{jk}.$$

证明 根据引理 2.5.1(6) 可得论断 (1) 成立.

对任意正整数 k 及任意 $i \in \mathbb{Z}_{p^m}$, $j \in \mathbb{Z}_{p^n}$, 由引理 2.5.1(1),(4), 可得

$$(b^j a^i)^p = b^{jp} a^{i[1+(1+p^r)^j+(1+p^r)^{2j}+\ldots+(1+p^r)^{(p-1)j}]}$$

$$= b^{jp} a^{i[1+(1+j\cdot p^r)+(1+2j\cdot p^r)+\ldots+(1+(p-1)\cdot jp^r)]}$$

$$= b^{jp} a^{i[p+\frac{1}{2}p(p-1)\cdot jp^r]}$$

$$= b^{jp} a^{ip}.$$

因此, 论断 (2) 成立. 由文献 [88] 可得论断 (3) 成立.

对任意 $x, y \in H$, 存在 $i_1, i_2 \in \mathbb{Z}_{p^m}, j_1, j_2 \in \mathbb{Z}_{p^n}$ 使得 $x = a^{i_1} b^{j_1}$ 及 $y = a^{i_2} b^{j_2}$. 根据引理 2.5.1(2),(4) 及论断 (1)-(2), 有

$$x^p y = (a^{i_1} b^{j_1})^p (a^{i_2} b^{j_2})$$

$$= a^{i_1 p} (b^{j_1 p} a^{i_2}) b^{j_2}$$

$$= a^{i_1 p}(a^{i_2(1+p^r)^{-j_1 p}} b^{j_1 p}) b^{j_2}$$

$$= a^{i_1 p} a^{i_2(1-j_1 p^{r+1})} b^{j_2} b^{j_1 p}$$

$$= a^{i_2}(a^{i_1 p} b^{j_2}) b^{j_1 p}$$

$$= a^{i_2}(b^{j_2} a^{i_1 p(1+p^r)^{j_2}}) b^{j_1 p}$$

$$= a^{i_2}(b^{j_2} a^{i_1 p(1+j_2 p^r)}) b^{j_1 p}$$

$$= (a^{i_2} b^{j_2})(a^{i_1 p} b^{j_1 p})$$

$$= yx^p.$$

这说明 $x^p \in Z(H)$, 从而论断 (4) 成立.

因为 $k \equiv 1 \pmod{p}$, 故存在整数 t 使得 $k = tp + 1$. 于是由论断 (2) 和 (4) 可得

$$(a^i b^j)^k = (a^i b^j)^{tp+1} = (a^i b^j)(a^i b^j)^{tp} = (a^i b^j)(a^{itp} b^{jtp}) = a^{i(tp+1)} b^{j(tp+1)} = a^{ik} b^{jk}.$$

因此论断 (5) 成立.

在下面的引理中, 我们给出内交换非亚循环 p-群的一些基本性质, 这些性质在本书第 4 章的证明中经常被使用.

引理 2.5.3 令 $H = \langle a, b, c \mid a^{p^t} = b^{p^s} = c^p = 1, [a, b] = c, [c, a] = [c, b] = 1 \rangle$ ($t \geqslant s \geqslant 1$). 则下述成立:

(1) 对任意 $i \in \mathbb{Z}_{p^t}$, 有 $a^i b = b a^i c^i$.

(2) $H' = \langle c \rangle \cong \mathbb{Z}_p$.

(3) 对任意 $x, y \in H$, 有 $(xy)^p = x^p y^p$.

(4) 对任意 $x, y \in H$, 如果 $o(x) = o(a) = p^t, o(y) = o(b) = p^s$ 及 $H = \langle x, y \rangle$, 则存在 $\alpha \in H$ 使得 $a^\alpha = x, b^\alpha = y$.

(5) H 的极大子群为下列群之一:

$$\langle ab^j, b^p, c \rangle = \langle ab^j \rangle \times \langle b^p \rangle \times \langle c \rangle \cong \mathbb{Z}_{p^t} \times \mathbb{Z}_{p^{s-1}} \times \mathbb{Z}_p (j \in \mathbb{Z}_p),$$

$$\langle a^p, b, c \rangle = \langle a^p \rangle \times \langle b \rangle \times \langle c \rangle \cong \mathbb{Z}_{p^{t-1}} \times \mathbb{Z}_{p^s} \times \mathbb{Z}_p.$$

证明   对任意 $i \in \mathbb{Z}_{p^t}$, 因为 $[a,b]=c$ 且 $[c,a]=1$, 所以 $b^{-1}ab=ac$ 且 $ac=ca$, 从而 $b^{-1}a^ib=(b^{-1}ab)^i=(ac)^i=a^ic^i$. 这说明 $a^ib=ba^ic^i$, 故论断 (1) 成立.

根据文献 [87] 的引理 65.2 可知, 论断 (2) 和论断 (3) 成立.

假设 $H=\langle x,y\rangle$ 且 $o(x)=o(a)$, $o(y)=o(b)$. 令 $z=[x,y]$. 则 $z\neq 1$, 且由论断 (2) 可得, $H'=\langle z\rangle=\langle c\rangle$. 这推出 $z^p=1$ 且 $[z,x]=[z,y]=1$, 从而

$$H=\langle x,y,z \mid x^{p^t}=y^{p^s}=z^p=1, [x,y]=z, [z,x]=[z,y]=1\rangle \quad (t \geqslant s \geqslant 1).$$

因此, 存在 $\alpha \in H$ 使得 $a^\alpha=x, b^\alpha=y$, 从而论断 (4) 成立.

令 M 为 H 的极大子群. 由于 H 是二元生成的, 故 $H/\Phi(H)=\langle a\Phi(H)\rangle \times \langle b\Phi(H)\rangle \cong \mathbb{Z}_p \times \mathbb{Z}_p$. 显然, $M/\Phi(H)$ 是 $H/\Phi(H)$ 的 p 阶极大子群. 于是, 存在 $j \in \mathbb{Z}_p$ 使得 $M/\Phi(H)=\langle ab^j\Phi(H)\rangle$ 或 $\langle b\Phi(H)\rangle$. 注意到 $\Phi(H)=\langle a^p, b^p, c\rangle$. 又由论断 (3), 我们有

$$a^p=a^pb^{jp} \cdot b^{-jp}=(ab^j)^p \cdot (b^p)^{-j} \in \langle ab^j, b^p, c\rangle.$$

因此, M 是下列群之一:

$$\langle ab^j, a^p, b^p, c\rangle=\langle ab^j, b^p, c\rangle=\langle ab^j\rangle \times \langle b^p\rangle \times \langle c\rangle \cong \mathbb{Z}_{p^t} \times \mathbb{Z}_{p^{s-1}} \times \mathbb{Z}_p \quad (j \in \mathbb{Z}_p),$$

$$\langle b, a^p, b^p, c\rangle=\langle a^p, b, c\rangle=\langle a^p\rangle \times \langle b\rangle \times \langle c\rangle \cong \mathbb{Z}_{p^{t-1}} \times \mathbb{Z}_{p^s} \times \mathbb{Z}_p.$$

从而论断 (5) 成立.

第 3 章

亚循环 p-群上的连通三度边传递双凯莱图

在对双凯莱图的研究中, 一个重要的问题是: 分类给定群上的具有某种对称性的双凯莱图. Conder, Zhou, Feng 和 Zhang 在文献 [34] 中给出了交换群上的连通三度边传递双凯莱图的分类. 因此一个自然的问题是: 分类非交换群上的连通三度边传递双凯莱图. 注意到, 最小的三度半对称图-Gray 图是非交换亚循环3-群上的一个双凯莱图. 本章我们给出非交换亚循环 p-群上的连通三度边传递双凯莱图的完全分类, 其中 p 是一个奇素数.

3.1 $2p^n$ 阶三度边传递图

本节给出关于 $2p^n$ 阶连通三度边传递图的一些结果, 其中 p 是一个奇素数, n 是一个正整数. 这些结果对研究亚循环 p-群上的连通三度边传递双凯莱图非常重要.

引理 3.1.1 设 Γ 是一个 $2p^n$ 阶的连通三度 G-边传递图, 其中 p 是一个奇素数且 $n \geqslant 2$. 则群 G 的任一极小正规子群都是初等交换 p-群.

证明 设 N 是群 G 的任一极小正规子群. 如果 G 作用在图 Γ 的弧集上传递, 那么由文献 [84] 的引理 3.1 可得 N 是初等交换 p-群. 以下总假设 G 作用在图 Γ 的弧集上不传递. 注意到, 不存在奇数度的半弧传递图. 又因为图 Γ 是三度边传递但非弧传递图, 所以 Γ 是半对称图. 这说明 $\mathrm{Aut}\,(\Gamma)$ 作用在 $V(\Gamma)$ 上恰有

两个轨道, 设这两个轨道是 B_0 和 B_1. 此时 Γ 为二部图, $V(\Gamma) = B_0 \cup B_1$ 构成了 Γ 的二部划分, 且 $|B_0| = |B_1| = p^n$. 又由于 $N \trianglelefteq G$, 故 N 作用在 $V(\Gamma)$ 上的每个轨道长都整除 p^n. 因此, 如果 N 可解, 则 N 必为初等交换 p-群.

下面假设 N 非可解. 由命题 2.4.4, 我们有 $|G| = 2^r \cdot 3 \cdot p^n$, 其中 $r \geqslant 0$. 若 $p = 3$, 则由 Burnside $p^a q^b$-定理可得 G 可解, 这与 N 非可解矛盾. 故 $p > 3$. 因为 N 是 G 的极小正规子群, 故 N 是一些同构单群的直积. 观察到 $3^2 \nmid |G|$. 则根据文献 [90] 的第 12–14 页可以得到 $N \cong A_5$ 或 $\mathrm{PSL}(2,7)$. 从而 $p = 5$ 或 7, 且 $p^2 \nmid |N|$. 又由于 $n \geqslant 2$, 故 N 作用在 B_0 和 B_1 上都不传递. 于是由命题 2.4.2 可得 N 作用在 $V(\Gamma)$ 上半正则, 从而 $|N| \mid p^n$, 这与 N 非可解矛盾.

引理 3.1.2 设 Γ 是一个 $2p^n$ 阶的连通三度边传递图, 其中 p 是一个素数且 $p \geqslant 5$, $n \geqslant 1$. 令 $A = \mathrm{Aut}\,(\Gamma)$, H 是 A 的一个 Sylow p-子群. 则 Γ 是 H 上的一个双凯莱图. 进一步的, 如果 $p \geqslant 11$, 则 Γ 是 H 上的一个正规双凯莱图.

证明 对任意 $v \in V(\Gamma)$, 由命题 2.4.4 可得点稳定子群 A_v 的阶整除 $2^r \cdot 3$, 其中 $r \geqslant 0$. 又因为 H 是 A 的一个 Sylow p-子群且 $p \geqslant 5$, 所以 H 作用在 $V(\Gamma)$ 上半正则, 从而 $|H| \mid p^n$. 由于 Γ 是三度边传递图, 故 Γ 要么是对称图, 要么是半对称图, 这推出 $p^n \mid |A|$, 从而 $p^n \mid |H|$. 因此 $|H| = p^n$. 于是 H 作用在 $V(\Gamma)$ 上半正则且恰有两个轨道. 这说明 Γ 是 H 上的一个双凯莱图.

下面假设 $p \geqslant 11$. 此时只需证明 $H \trianglelefteq A$. 接下来我们用归纳法进行证明. 当 $n = 1$ 时, 由文献 [36] 的定理 2 可得 Γ 是对称图, 再由文献 [91] 的定理 1 (也可参见 [92] 的表 1 或文献 [84] 的命题 2.8), 我们有 $H \trianglelefteq A$. 假设当 $n \geqslant 2$ 时, 对任意 $2p^m$ $(1 \leqslant m < n)$ 阶三度边传递图 Δ 都有, $\mathrm{Aut}\,(\Delta)$ 的 Sylow p-子群是正规的. 往证 $H \trianglelefteq A$. 令 N 是 A 的一个极小正规子群. 则由引理 3.1.1 可得 N 是初等交换 p-群且 $|N| \mid p^n$. 考虑 Γ 关于 N-轨道构成的商图 Γ_N. 如果 $|N| = p^n$, 则 $H = N \trianglelefteq A$. 如果 $|N| < p^n$, 则每个 N-轨道的长度至多为 p^{n-1}, 于是由命题 2.4.2 和命题 2.4.1 可得 N 作用在 $V(\Gamma)$ 上半正则且 Γ_N 是三度 A/N-边传递图. 显然 Γ_N 的阶为 $2p^m$ 且 $m < n$. 因此, 由假设我们有 $\mathrm{Aut}\,(\Gamma_N)$ 的任意 Sylow p-子群都正规. 而 H/N 是 A/N 的一个 Sylow p-子群, 故 $H/N \trianglelefteq A/N$. 这推出 $H \trianglelefteq A$.

引理 3.1.3 设 Γ 是一个 $2p^n$ 阶的连通三度边传递图, 其中 $p = 5$ 或 7 且

$n \geqslant 1$. 令 $A = \mathrm{Aut}\,(\Gamma)$, $Q = O_p(A)$ 是 A 的极大正规 p-子群. 则 $|Q| = p^n$ 或 p^{n-1}.

证明 设 $|Q| = p^m$, 则 $m \leqslant n$. 假设 $n - m \geqslant 2$. 则由命题 2.4.1 和命题 2.4.2, 我们推出商图 Γ_Q 是一个 $2p^{n-m}$ 阶的连通三度 A/Q-边传递图. 令 N/Q 是 A/Q 的一个极小正规子群, 则 $N \trianglelefteq A$. 由引理 3.1.1 可知 N/Q 是初等交换 p-群. 这说明 $Q < N$, 与 Q 的极大性矛盾. 故 $n - m \leqslant 1$, 从而 $|Q| = p^n$ 或 p^{n-1}.

3.2 亚循环 p-群上的连通三度边传递双凯莱图的正规性

本节研究亚循环 p-群上的连通三度边传递双凯莱图的正规性, 其中 p 是一个奇素数. 这对完成亚循环 p-群上的连通三度边传递双凯莱图分类非常关键, 也是本章证明的难点. 我们先证明亚循环 p-群上的连通三度边传递双凯莱图存在当且仅当 $p = 3$. 再证明亚循环 3-群 H 上的连通三度边传递双凯莱图要么是正规的, 要么同构于 Gray 图.

引理 3.2.1 设 Γ 是非交换亚循环 p-群 H 上的一个连通三度边传递双凯莱图, 其中 p 为奇素数. 则 $p = 3$.

证明 用反证法证明. 假设 $p > 3$. 令 $A = \mathrm{Aut}\,(\Gamma)$, 则 $R(H)$ 是 A 的一个 Sylow p-子群. 我们先证明下面的断言.

断言 $R(H) \trianglelefteq A$.

假设 $R(H)$ 在 A 不正规. 则由引理 3.1.2 得 $p = 5$ 或 7. 令 N 是 A 的极大正规 p-子群. 则 $N \leqslant R(H)$. 再由引理 3.1.3 可得 $|R(H) : N| = p$. 这说明商图 Γ_N 是一个 $2p$ 阶的三度 A/N-边传递图. 于是由文献 [63,93] 可知, 当 $p = 5$ 时, Γ_N 是 Petersen 图; 当 $p = 7$ 时, Γ_N 是 Heawood 图. 因为 $R(H)$ 在 A 中不正规, 所以 $R(H)/N$ 在 A/N 中也不正规. 又因为 A/N 作用在 Γ_N 的边集上传递, 我们有

$$A_5 \lesssim A/N \lesssim S_5, \qquad \text{若 } p = 5;$$

$$\mathrm{PSL}(2,7) \lesssim A/N \lesssim \mathrm{PGL}(2,7), \qquad \text{若 } p = 7.$$

令 B/N 为 A/N 的基柱. 则 B/N 是非交换单群且作用在 Γ_N 的边集上传

递. 这推出 B 作用在 Γ 的边集上传递. 令 $C = C_B(N)$. 则由命题 2.5.1 知 $B/C \lesssim \mathrm{Aut}\,(N)$. 易知 $C/(C \cap N) \cong CN/N \trianglelefteq B/N$. 于是由 B/N 是非交换单群得到 $CN/N = 1$ 或 B/N.

首先假设 $CN/N = 1$. 则 $C \leqslant N$, 因而 $C = C \cap N = C_N(N) = Z(N)$. 于是 $B/Z(N) = B/C \lesssim \mathrm{Aut}\,(N)$. 由 $R(H)$ 是亚循环 p-群知, N 也是亚循环 p-群. 如果 N 非交换, 则由命题 2.5.3 及文献 [86] 的引理 2.6 可得 $\mathrm{Aut}\,(N)$ 可解, 这推出 $B/Z(N)$ 可解, 从而 B 可解, 但这与 B/N 是非交换单群矛盾. 如果 N 交换, 则 $C = Z(N) = N$. 令

$$\mathrm{Aut}^{\Phi}(N) = \langle \alpha \in \mathrm{Aut}\,(N) \mid g^{\alpha}\Phi(N) = g\Phi(N), \forall g \in N \rangle,$$

其中 $\Phi(N)$ 是 N 的 Frattini 子群. 注意到 $\mathrm{Aut}^{\Phi}(N)$ 是 $\mathrm{Aut}\,(N)$ 的一个正规 p-子群且 $\mathrm{Aut}\,(N)/\mathrm{Aut}^{\Phi}(N) \leqslant \mathrm{Aut}\,(N/\Phi(N))$ (参见文献 [94]). 令 $K/C = (B/C) \cap \mathrm{Aut}^{\Phi}(N)$. 则 $K/C \trianglelefteq B/C$, 从而 $K \trianglelefteq B$. 于是有

$$B/K \cong (B/C)/(K/C) \cong ((B/C) \cdot \mathrm{Aut}^{\Phi}(N))/\mathrm{Aut}^{\Phi}(N) \leqslant \mathrm{Aut}\,(N/\Phi(N)).$$

易知 K/C 是 p-群. 又因为 $C = N$ 是 p-群, 故 K 也是 p-群. 由 N 是 A 的极大正规 p-子群知, N 也是 B 的极大正规 p-子群. 这结合 K 是 p-群且 $K \trianglelefteq B$ 可推出 $K = N$. 如果 N 循环, 则 $N/\Phi(N) \cong \mathbb{Z}_p$, 从而 $B/N = B/K \lesssim \mathrm{Aut}\,(N/\Phi(N)) \cong \mathbb{Z}_{p-1}$, 这与 B/N 是非交换单群矛盾. 如果 N 非循环, 则 $N/\Phi(N) \cong \mathbb{Z}_p \times \mathbb{Z}_p$, 从而 $B/N = B/K \lesssim \mathrm{Aut}\,(N/\Phi(N)) \cong \mathrm{GL}(2,p)$, 这推出当 $p = 5$ 时有 $\mathrm{A}_5 \leqslant \mathrm{GL}(2,5)$; 当 $p = 7$ 时有 $\mathrm{PSL}(2,7) \leqslant \mathrm{GL}(2,7)$. 然而通过 $\mathrm{MAGMA}^{[73]}$ 计算可知, 这两种情况都不可能发生, 矛盾.

其次假设 $CN/N = B/N$. 由 $C \cap N = Z(N)$ 可得 $1 < C \cap N \leqslant Z(C)$. 显然 $Z(C)/(C \cap N) \trianglelefteq C/(C \cap N) \cong CN/N$. 又因为 $CN/N = B/N$ 是非交换单群, 故 $Z(C)/C \cap N = 1$, 因而 $C \cap N = Z(C)$. 于是有 $B/N = CN/N \cong C/C \cap N = C/Z(C)$. 假设 $C = C'$, 则 $Z(C)$ 是 B/N 的 Schur 乘子的一个子群. 然而 A_5 和 $\mathrm{PSL}(2,7)$ 的 Schur 乘子都是 $\mathbb{Z}_2$, 这与 $1 < C \cap N \leqslant Z(C)$ 矛盾. 故 $C \neq C'$. 因为 $C/Z(C)$ 是非交换单群, 我们有 $C/Z(C) = (C/Z(C))' = C'Z(C)/Z(C) \cong C'/(C' \cap Z(C))$, 从而 $C = C'Z(C)$. 这推出 $C'' = C'$. 显然 $C' \cap Z(C) \leqslant Z(C')$

且 $Z(C')/(C' \cap Z(C)) \trianglelefteq C'/(C' \cap Z(C))$. 而由 $C'/(C' \cap Z(C)) \cong C/Z(C)$ 及 $C/Z(C)$ 是非交换单群可得 $Z(C')/(C' \cap Z(C)) = 1$, 从而 $Z(C') = C' \cap Z(C)$. 这结合 $C/(C \cap N) \cong CN/N = B/N$ 是非交换单群, 我们得到

$$C/(C \cap N) = (C/(C \cap N))' = (C/Z(C))' \cong C'/(C' \cap Z(C)) = C'/Z(C').$$

再由 $C' = C''$ 可得 $Z(C')$ 是 CN/N 的 Schur 乘子的一个子群. 然而 A_5 和 PSL(2, 7) 的 Schur 乘子都是 $\mathbb{Z}_2$, 这推出 $Z(C') \cong \mathbb{Z}_2$. 但由 $Z(C') = C' \cap Z(C) \leqslant C \cap N$ 知 $Z(C')$ 是一个 p-群且 $p > 3$, 矛盾. 至此, 我们完成了断言的证明.

假设 H 非可裂. 则由命题 2.5.2 知 A 有正规 p-补 Q. 再由命题 2.4.1 和命题 2.4.2 可得, 商图 Γ_Q 是一个奇数阶的三度图, 矛盾. 因此 H 可裂. 于是我们假设

$$H = \langle a, b \mid a^{p^m} = b^{p^n} = 1, a^b = a^{1+p^r} \rangle,$$

其中 m, n, r 都是正整数且 $r < m \leqslant n + r$.

由断言可知 $R(H) \trianglelefteq A$. 又由于 Γ 是边传递图, 故可假设 $\Gamma = \mathrm{BiCay}\,(H, \phi, \phi, S)$. 再由命题 2.3.1(2), 可假设 $S = \{1, g, h\}$, 其中 $g, h \in H$. 于是由命题 2.3.2, 可得存在 $\sigma_{\alpha, x} \in \mathrm{Aut}\,(\Gamma)_{1_0}$ 使得 $\sigma_{\alpha, x}$ 循环置换 $\Gamma(1_0) = \{1_1, g_1, h_1\}$ 中的三个元素, 其中 $\alpha \in \mathrm{Aut}\,(H)$, $x \in H$. 不失一般性, 我们假设 $\sigma_{\alpha, x}|_{\Gamma(1_0)} = (1_1\ g_1\ h_1)$. 则有 $g_1 = (1_1)^{\sigma_{\alpha, x}} = x_1$, $h_1 = (g_1)^{\sigma_{\alpha, x}} = (gg^\alpha)_1$ 且 $1_1 = (h_1)^{\sigma_{\alpha, x}} = (gh^\alpha)_1$, 从而有 $x = g$, $g^\alpha = g^{-1}h$ 且 $h^\alpha = g^{-1}$. 这说明 α 的阶被 3 整除, 从而 $\alpha = 1$ 或 α 是 3 阶元. 如果 $\alpha = 1$, 那么 $h = g^{-1}$ 且 $g = g^{-1}h = g^{-2}$, 于是有 $g^3 = 1$, 又由 $p > 3$ 推出 $h = g = 1$, 矛盾. 故 α 是 3 阶元. 令

$$\beta: a \mapsto a^s, b \mapsto b, \quad \text{其中 } s \text{ 是 } \mathbb{Z}_{p^m}^* \text{ 中的 3 阶元}.$$

根据命题 2.5.3, 我们有 $3 \mid p - 1$ 且 α 与 β 所诱导的 H 的自同构共轭. 于是假设 $\beta = \pi^{-1}\alpha\pi$, 其中 $\pi \in \mathrm{Aut}\,(H)$. 下面考虑图 $\Gamma^\pi = \mathrm{BiCay}\,(H, \phi, \phi, S^\pi)$. 由命题 2.3.1(3), 我们得到 $\Gamma^\pi \cong \Gamma$ 且 σ_{β, g^π} 循环置换 $\Gamma^\pi(1_0) = \{1_1^\pi, g_1^\pi, h_1^\pi\}$ 中的三个元素. 为了方便, 我们不妨设 $\pi = 1$ 且 $\alpha = \beta$.

设 $g = b^j a^i$, 其中 $i \in \mathbb{Z}_{p^m}$, $j \in \mathbb{Z}_{p^n}$. 则 $h = gg^\alpha = b^j a^i b^j a^{is}$. 由 Γ 连通可得

$$H = \langle S \rangle = \langle g, h \rangle = \langle b^j a^i, b^j a^i b^j a^{is} \rangle = \langle b^j, a^i, a^{is} \rangle = \langle a^i, b^j \rangle,$$

从而 i, j 都与 p 互素. 故存在整数 u 使得 $ui \equiv 1 \pmod{p^m}$. 易验证映射 $\gamma: a \mapsto a^u$, $b \mapsto b$ 可诱导出 H 的一个自同构且 $(a^i)^\gamma = a^{ui} = a$. 再由命题 2.3.1 (3), 我们得到 $\Gamma \cong \mathrm{BiCay}(H, \emptyset, \emptyset, S^\gamma)$, 其中 $S^\gamma = \{1, b^j a, b^j a b^j a^s\}$. 令 $\Gamma' = \mathrm{BiCay}(H, \emptyset, \emptyset, S^\gamma)$. 则 $\Gamma' \cong \Gamma$ 且 $\sigma_{\gamma^{-1}\alpha\gamma, g^\gamma} \in \mathrm{Aut}(\Gamma')$ 循环置换 $\Gamma'(1_0) = \{1_1, (b^j a)_1, (b^j a b^j a^s)_1\}$ 中的三个元素. 容易验证 $a^{\gamma^{-1}\alpha\gamma} = (a^i)^{\alpha\gamma} = (a^{is})^\gamma = a^s$ 且 $b^{\alpha\gamma} = b$. 于是有 $1_1^{\sigma_{\alpha\gamma, b^j a}} = (b^j a)_1$, $(b^j a)_1^{\sigma_{\alpha\gamma, b^j a}} = (b^j a b^j a^s)_1$ 且

$$(b^j a b^j a^s)_1^{\sigma_{\alpha\gamma, b^j a}} = (b^j a (b^j a b^j a^s)^{\alpha\gamma})_1 = (b^j a b^j a^s b^j a^{s^2})_1$$

$$= (b^{3j} a^{(1+p^r)^{2j} + s(1+p^r)^j + s^2})_1 \neq 1_1,$$

矛盾. 因此 $p = 3$.

引理 3.2.2 设 Γ 是非交换亚循环 3-群 H 上的一个连通三度边传递双凯莱图且 $|H| = 3^s \geqslant 3^4$. 则 Γ 是 H 上的正规双凯莱图.

证明 令 $A = \mathrm{Aut}(\Gamma)$, P 是 A 的一个包含 $R(H)$ 的 Sylow 3-子群. 由命题 2.4.4 可得 $|A| = 3^{s+1} \cdot 2^r$, 其中 $r \geqslant 0$. 这推出 $|P| = 3|R(H)|$, 于是 $|P_{1_0}| = |P_{1_1}| = 3$. 故 P 作用在 Γ 的边集上传递. 显然 $R(H) \trianglelefteq P$. 这说明 $R(H)$ 作用在 $V(\Gamma)$ 上的两个轨道 H_0 和 H_1 都不包含 Γ 的边, 因此 $R = L = \phi$. 接下来, 我们先证明下面的断言.

断言 $P \trianglelefteq A$.

设 M 是一个极大的作用在 H_0 和 H_1 上都不传递的 A 的正规子群. 则由命题 2.4.1 和命题 2.4.2 可得, M 作用在 $V(\Gamma)$ 上半正则且商图 Γ_M 是一个三度 A/M-边传递图. 设 $|M| = 3^t$. 则 $|V(\Gamma_M)| = 2 \cdot 3^{s-t}$.

如果 $s - t \leqslant 2$, 那么根据文献 [63,93], 我们得到 Γ_M 同构于 F006A 或 Pappus 图 F018A, 此时 $\mathrm{Aut}(\Gamma_M)$ 具有正规的 Sylow 3-子群, 这推出 $P/M \trianglelefteq A/M$, 从而 $P \trianglelefteq A$, 正如断言所述.

下面假设 $s - t > 2$. 令 N/M 为 A/M 的一个极小正规子群. 则由引理 3.1.1 可知 N/M 是一个初等交换 3-群. 由 M 的极大性可知 N 作用在 H_0 和 H_1 上至少有一个传递, 从而 $3^s \mid |N|$. 若 $3^{s+1} \mid |N|$, 则有 $P = N \trianglelefteq A$, 正如断言所述. 假设 $|N| = 3^s$. 此时若 N 作用在 H_0 和 H_1 上都传递, 则 N 作用在 H_0 和 H_1 上都半正则, 从而 Γ_M 是 N/M 上的一个三度双凯莱图. 再由 Γ_M 连通及命题

2.3.1(1),(2) 可得, N/M 可由两个元素生成, 从而 $N/M \cong \mathbb{Z}_3$ 或 $\mathbb{Z}_3 \times \mathbb{Z}_3$. 这说明 $|V(\Gamma_M)| = 6$ 或 18, 与假设 $|V(\Gamma_M)| = 2 \cdot 3^{s-t} > 18$ 矛盾. 因此, N 作用在 H_0 和 H_1 上有且只有一个传递. 不失一般性, 我们假设 N 作用在 H_0 上传递, 但作用在 H_1 上不传递. 则有 $N/M \neq R(H)M/M$, 从而 $NR(H)M/M = P/M$. 这结合 $|P/M : R(H)M/M| \mid 3$ 可推出 $|N/M : (N/M \cap R(H)M/M)| \mid 3$. 因为 H 是亚循环群, 所以 $N/M \cap R(H)M/M$ 也是亚循环群, 因而 $N/M \cap R(H)M/M$ 可由二元生成. 这结合 N/M 是初等交换 3 群及 $|N/M : (N/M \cap R(H)M/M)| \mid 3$ 可得 $|N/M| \mid 3^3$, 又因 $|N/M| = 3^{s-t} > 3^2$, 故 $|N/M| = 3^3$. 于是有 $|V(\Gamma_M)| = 2 \cdot |N/M| = 54$. 又由 $|N| = |H| = 3^s \geqslant 3^4$ 得 $|M| \geqslant 3$. 假设 $M \nleqslant R(H)$, 则有 $P = MR(H)$, 从而 $N/M \leqslant R(H)M/M$. 又因为 $R(H) \cong H$ 是亚循环群, 故 N/M 也是亚循环群. 再结合 N/M 是初等交换群可知 $|N/M| = 3$ 或 9, 这与 $2 \cdot |N/M| = 54$ 矛盾. 故 $M \leqslant R(H)$, 从而 M 是亚循环群, 于是 $M/\Phi(M) \cong \mathbb{Z}_3$ 或 $\mathbb{Z}_3 \times \mathbb{Z}_3$. 由于 $\Phi(M)$ 是 M 的特征子群且 $M \trianglelefteq A$, 故 $\Phi(M) \trianglelefteq A$. 于是由命题 2.4.1 和命题 2.4.2, 我们得到商图 $\Gamma_{\Phi(M)}$ 是一个阶为 $2 \cdot 3^4$ 或 $2 \cdot 3^5$ 的三度 $A/\Phi(M)$-边传递图. 根据文献 [63,93] 和 MAGMA[73] 计算得, $\mathrm{Aut}\,(\Gamma_{\Phi(M)})$ 的每个 Sylow 3-子群都正规. 这说明 $P/\Phi(M) \trianglelefteq A/\Phi(M)$, 从而 $P \trianglelefteq A$, 正如断言所述. 至此, 我们完成了断言的证明.

由断言可知 $P \trianglelefteq A$. 由 $|P : R(H)| = 3$ 得 $R(H)$ 是 P 的极大子群, 故 $\Phi(P) \leqslant R(H)$. 若 $\Phi(P) = R(H)$, 则结合 $|P : R(H)| = 3$ 得 $P/\Phi(P) \cong \mathbb{Z}_3$, 从而 P 是循环群, 于是 H 也是循环群, 这与 H 非交换矛盾. 因此 $\Phi(P) < R(H)$. 这说明 $\Phi(P)$ 作用在 H_0 和 H_1 上都不传递. 由于 $\Phi(P)$ 是 P 的特征子群且 $P \trianglelefteq A$, 故 $\Phi(P) \trianglelefteq A$. 于是由命题 2.4.1 和命题 2.4.2, 我们得到商图 $\Gamma_{\Phi(P)}$ 是一个三度 $A/\Phi(P)$-边传递图. 进一步的, 可以得到 $P/\Phi(P)$ 作用在 $\Gamma_{\Phi(P)}$ 的边集上传递. 又因为 $P/\Phi(P)$ 是交换群, 容易得到 $\Gamma_{\Phi(P)} \cong K_{3,3}$, 从而 $P/\Phi(P) \cong \mathbb{Z}_3 \times \mathbb{Z}_3$. 再由 $|P| = 3^{s+1} \geqslant 3^5$ 可得 $|\Phi(P)| = 3^{s-1} \geqslant 3^3$.

令 Φ_2 为 $\Phi(P)$ 的 Frattini 子群. 则由 Φ_2 是 $\Phi(P)$ 的特征子群且 $\Phi(P) \trianglelefteq A$ 得 $\Phi_2 \trianglelefteq A$. 显然 $\Phi_2 \leqslant \Phi(P) < R(H)$. 故 Φ_2 作用在 H_0 和 H_1 上都不传递. 于是由命题 2.4.1 和命题 2.4.2, 我们得到商图 Γ_{Φ_2} 是一个三度 A/Φ_2-边传递图. 进一步的, 可以得到 Γ_{Φ_2} 是群 $R(H)/\Phi_2$ 上的一个双凯莱图. 再由 $R(H) \cong H$ 是亚循

环群可得 $\Phi(P)/\Phi_2 \cong \mathbb{Z}_3$ 或 $\mathbb{Z}_3 \times \mathbb{Z}_3$. 如果 $\Phi(P)/\Phi_2 \cong \mathbb{Z}_3$, 则 $\Phi(P)$ 是一个循环 3-群, 从而 Γ 是图 $\Gamma_{\Phi(P)} \cong K_{3,3}$ 的一个边传递循环覆盖, 再根据文献 [50,95], 我们可以得到 Γ 要么同构于 $K_{3,3}$, 要么同构于 Pappus 图, 这与 $|V(\Gamma)| = 2|H| \geqslant 2 \cdot 3^4$ 矛盾. 因此 $\Phi(P)/\Phi_2 \cong \mathbb{Z}_3 \times \mathbb{Z}_3$. 这结合 $|\Phi(P)| = 3^{s-1} \geqslant 3^3$ 可推得 $|\Phi_2| \geqslant 3$.

令 Φ_3 为 Φ_2 的 Frattini 子群. 则由 Φ_3 是 Φ_2 的特征子群且 $\Phi_2 \trianglelefteq A$ 得 $\Phi_3 \trianglelefteq A$. 再由 $\Phi_2 \leqslant R(H)$ 可得 $\Phi_2/\Phi_3 \cong \mathbb{Z}_3$ 或 $\mathbb{Z}_3 \times \mathbb{Z}_3$. 这结合 $|\Phi_2| \geqslant 3$ 可推得 $|R(H)/\Phi_3| = 3^4$ 或 3^5. 显然 Φ_3 作用在 H_0 和 H_1 上都不传递. 于是由命题 2.4.1 和命题 2.4.2, 我们得到商图 Γ_{Φ_3} 是一个阶为 162 或 486 的三度 A/Φ_3-边传递图, 从而 Γ_{Φ_3} 为半对称图或对称图. 观察到亚循环群 $R(H)/\Phi_3$ 作用在 $V(\Gamma_{\Phi_3})$ 上半正则且恰有两个轨道.

首先假设 $|V(\Gamma_{\Phi_3})| = 486$. 若 Γ_{Φ_3} 为半对称图, 则由文献 [63] 及 MAGMA[73] 计算可得, $\text{Aut}(\Gamma_{\Phi_2})$ 的所有阶为 243 的半正则子群都是正规的, 从而 $R(H)/\Phi_3 \trianglelefteq \text{Aut}(\Gamma_{\Phi_3})$, 于是有 $R(H)/\Phi_3 \trianglelefteq A/\Phi_3$, 故 $R(H) \trianglelefteq A$. 若 Γ_{Φ_3} 为对称图, 则根据文献 [93] 可得, $\Gamma_{\Phi_3} \cong$ F486A, F486B, F486C 或 F486D. 根据 MAGMA[73] 计算可得, 如果 $\Gamma_{\Phi_3} \cong$ F486B, F486C 或 F486D, 则 $\text{Aut}(\Gamma_{\Phi_3})$ 中没有 243 阶亚循环的半正则子群, 矛盾; 如果 $\Gamma_{\Phi_3} \cong$ F486A, 则 $\text{Aut}(\Gamma_{\Phi_2})$ 的所有阶为 243 的半正则子群都是正规的, 从而 $R(H)/\Phi_3 \trianglelefteq \text{Aut}(\Gamma_{\Phi_3})$, 于是有 $R(H)/\Phi_3 \trianglelefteq A/\Phi_3$, 故 $R(H) \trianglelefteq A$.

再假设 $|V(\Gamma_{\Phi_3})| = 162$. 此时根据文献 [63] 知不存在 162 阶的三度半对称图. 故 Γ_{Φ_3} 为对称图. 再根据文献 [93] 可得, $\Gamma_{\Phi_3} \cong$ F162A, F162B 或 F162C. 根据 MAGMA[73] 计算可得, 如果 $\Gamma_{\Phi_3} \cong$ F162C, 则 $\text{Aut}(\Gamma_{\Phi_3})$ 中没有 81 阶亚循环的半正则子群, 矛盾; 如果 $\Gamma_{\Phi_3} \cong$ F162A 或 F162B, 则 $\text{Aut}(\Gamma_{\Phi_2})$ 的所有阶为 81 的半正则子群都是正规的, 从而 $R(H)/\Phi_3 \trianglelefteq \text{Aut}(\Gamma_{\Phi_3})$, 于是有 $R(H)/\Phi_3 \trianglelefteq A/\Phi_3$, 故 $R(H) \trianglelefteq A$.

定理 3.2.1 设 Γ 是非交换亚循环 p-群 H 上的一个连通三度边传递双凯莱图, 其中 p 为奇素数. 则 $p = 3$ 且 Γ 要么同构于 Gray 图, 要么是 H 上的正规双凯莱图.

证明 由引理 3.2.1 得 $p = 3$. 因为 H 是非交换亚循环 3-群, 所以 $|H| = 3^s \geqslant 3^3$. 如果 $s = 3$, 则 Γ 是 54 阶三度边传递图, 从而根据文献 [63,93] 可得, Γ

同构于 F054 或 Gray 图. 然而根据 MAGMA [73] 计算可知, $\mathrm{Aut}\,(\mathrm{F054})$ 中不存在 27 阶半正则的非交换亚循环 3-子群, 故 $s = 3$ 时, Γ 同构于 Gray 图. 如果 $s > 3$, 则由引理 3.2.2 可得 $R(H) \trianglelefteq \mathrm{Aut}\,(\Gamma)$, 即 Γ 是 H 上的正规双凯莱图.

3.3 两类亚循环 p-群上的连通三度边传递双凯莱图

本节构造两类内交换亚循环 p-群上的连通三度边传递双凯莱图, 其中一类是半对称的, 另一类是对称的.

构造 1 设 t 是一个正整数,

$$\mathcal{G}_t = \langle a, b \mid a^{3^{t+1}} = b^{3^t} = 1, b^{-1}ab = a^{1+3^t} \rangle,$$

$S = \{1, a, a^{-1}b\}$. 令 $\Gamma_t = \mathrm{BiCay}\,(\mathcal{G}_t, \phi, \phi, S)$.

引理 3.3.1 对任意正整数 t, 双凯莱图 Γ_t 是半对称图.

证明 我们先证明下面的三个论断:

(a) 存在 $\alpha \in \mathrm{Aut}\,(\mathcal{G}_t)$ 使得 $a^\alpha = a^{-2}b$ 且 $b^\alpha = a^{3^t-3}b$;

(b) 不存在 $\beta \in \mathrm{Aut}\,(\mathcal{G}_t)$ 使得 $a^\beta = a^{-1}$ 且 $b^\beta = a^{3^t}b^{-1}$;

(c) 不存在 $\gamma \in \mathrm{Aut}\,(\mathcal{G}_t)$ 使得 $a^\gamma = b^{-1}a$ 且 $b^\gamma = b^{-1}$.

首先证明论断 (a) 成立. 令 $x = a^{-2}b$, $y = a^{3^t-3}b$. 则有

$$(yx^{-1})^{3^{t+1}} = [(a^{3^t-3}b)(a^{-2}b)^{-1}]^{3^{t+1}} = (a^{3^t-1})^{3^{t+1}} = a^{-1},$$

$$((yx^{-1})^{3^{t+1}})^{-2} \cdot x = a^2 \cdot a^{-2}b = b,$$

从而 $\langle a, b \rangle = \langle x, y \rangle$. 由引理 2.5.2(2) 可得 $x^{3^{t+1}} = (a^{-2}b)^{3^{t+1}} = 1$ 且 $y^{3^t} = (a^{3^t-3}b)^{3^t} = 1$. 进一步的, 容易验证

$$x^{1+3^t} = (a^{-2}b)^{1+3^t} = (a^{-2}b)(a^{-2}b)^{3^t} = a^{-2}ba^{-2\cdot3^t} = a^{-2-2\cdot3^t}b = a^{3^t-2}b,$$

且

$$y^{-1}xy = (a^{3^t-3}b)^{-1}(a^{-2}b)(a^{3^t-3}b)$$

$$= (b^{-1}a^{3-3^t}a^{-2}b)a^{3^t-3}b$$

$$= (b^{-1}a^{1-3^t}b)a^{3^t-3}b$$

$$= a^{(1+3^t)(1-3^t)}a^{3^t-3}b$$

$$= a^{3^t-2}b$$

$$= x^{1+3^t}.$$

因此 x 和 y 满足关系 $x^{3^{t+1}} = y^{3^t} = 1$ 和 $y^{-1}xy = x^{1+3^t}$. 这说明映射 $\alpha: a \mapsto x, b \mapsto y$ 是 $\mathcal{G}_t$ 的一个群自同构, 从而论断 (a) 成立.

其次证明论断 (b) 成立. 假设存在 $\beta \in \mathrm{Aut}\,(\mathcal{G}_t)$ 使得 $a^\beta = a^{-1}$ 且 $b^\beta = a^{3^t}b^{-1}$. 则有 $(b^{-1}ab)^\beta = (a^{3^t+1})^\beta$, 从而

$$a^{-3^t-1} = (a^{3^t+1})^\beta = (b^{-1}ab)^\beta$$

$$= (a^{3^t}b^{-1})^{-1} \cdot a^{-1} \cdot (a^{3^t}b^{-1})$$

$$= ba^{-1}b^{-1} = a^{-(1+3^t)^{3^t-1}} = a^{-1+3^t}.$$

这推出 $a^{2\cdot3^t} = 1$, 从而 $3^{t+1} \mid 2\cdot3^t$, 矛盾. 故论断 (b) 成立.

接下来证明论断 (c) 成立. 假设存在 $\gamma \in \mathrm{Aut}\,(\mathcal{G}_t)$ 使得 $a^\gamma = b^{-1}a$ 且 $b^\gamma = b^{-1}$. 则有 $(b^{-1}ab)^\gamma = (a^{1+3^t})^\gamma$, 从而

$$b^{-1}a^{3^t+1} = (b^{-1}a)^{1+3^t} = (a^{1+3^t})^\gamma = (b^{-1}ab)^\gamma = b(b^{-1}a)b^{-1} = ab^{-1}.$$

因此 $b^{-1}a^{3^t+1}b = a$. 于是有

$$a^{2\cdot3^t+1} = a^{3^{2t}+2\cdot3^t+1} = (a^{1+3^t})^{3^t+1} = (b^{-1}ab)^{3^t+1} = b^{-1}a^{3^t+1}b = a,$$

这推出 $a^{2\cdot3^t} = 1$, 从而 $3^{t+1} \mid 2\cdot3^t$, 矛盾. 故论断 (c) 成立.

下面我们将完成引理的证明. 由论断 (a) 知, 存在 $\alpha \in \mathrm{Aut}\,(\mathcal{G}_t)$ 使得 $a^\alpha = a^{-2}b$ 且 $b^\alpha = a^{3^t-3}b$. 则有 $(a^{-1}b)^\alpha = (a^{-2}b)^{-1}(a^{3^t-3}b) = b^{-1}a^{3^t-1}b = a^{-1}$. 这推得

$$S^\alpha = \{1^\alpha, a^\alpha, (a^{-1}b)^\alpha\} = \{1, a^{-2}b, a^{-1}\} = a^{-1}S.$$

于是由命题 2.3.2 可得, $\sigma_{\alpha,a}$ 是 Γ_t 的一个稳定 1_0 的图自同构且循环置换 1_0 的三个邻点. 令 $B = \mathcal{R}(\mathcal{G}_t) \rtimes \langle \sigma_{\alpha,a} \rangle$. 则 B 作用在 Γ_t 的边集上正则, 从而 Γ_t 边传递.

如果 $t = 1$, 则由 MAGMA$^{[73]}$ 计算可得, $\mathcal{G}_1$ 同构于 Gray 图, 从而 $\mathcal{G}_1$ 是半对称图. 以下假设 $t > 1$. 根据定理 3.2.1, 我们知道 Γ_t 是群 $\mathcal{R}(\mathcal{G}_t)$ 上的正规双凯莱图. 假如 Γ_t 点传递, 则由 Γ_t 是三度边传递图知, Γ 是弧传递图. 于是存在 $f \in \mathrm{Aut}(\mathcal{G}_t)$ 及 $g, h \in \mathcal{G}_t$ 使得 $\delta_{f,g,h}$ 是 Γ_t 的一个图自同构且把弧 $(1_0, 1_1)$ 映射到 $(1_1, 1_0)$. 由 $\delta_{f,g,h}$ 的定义知 $g = h = 1$ 且 $S^f = S^{-1}$, 即

$$\{1, a, a^{-1}b\}^f = \{1, a^{-1}, b^{-1}a\}.$$

因此, f 将弧 $(a, a^{-1}b)$ 映射到弧 $(a^{-1}, b^{-1}a)$ 或弧 $(b^{-1}a, a^{-1})$. 然而, 由论断（b）和（c）知, 这两种情形都不可能发生. 故 Γ_t 非点传递, 从而 Γ_t 是半对称图.

构造 2 设 t 是一个正整数,

$$\mathcal{H}_t = \langle a, b \mid a^{3^{t+1}} = b^{3^{t+1}} = 1, b^{-1}ab = a^{1+3^t} \rangle,$$

$T = \{1, a, a^{-1}b\}$. 令 $\Sigma_t = \mathrm{BiCay}(\mathcal{H}_t, \phi, \phi, T)$.

引理 3.3.2 对任意正整数 t, 双凯莱图 Σ_t 是对称图.

证明 我们先证明下面的两个论断:

(a) 存在 $\alpha \in \mathrm{Aut}(\mathcal{H}_t)$ 使得 $a^\alpha = a^{2 \cdot 3^t + 1}b^{-3}$ 且 $b^\alpha = a^{2 \cdot 3^t + 1}b^{-2}$;

(b) 存在 $\beta \in \mathrm{Aut}(\mathcal{H}_t)$ 使得 $a^\beta = a^{-1}$ 且 $b^\beta = a^{-1}b$.

首先证明论断 (a) 成立. 令 $x = a^{2 \cdot 3^t + 1}b^{-3}$, $y = a^{2 \cdot 3^t + 1}b^{-2}$. 则有 $(y^{-1}x)^{-1} = b$ 且 $xb^3 = a^{2 \cdot 3^t + 1}$, 从而 $\langle x, y \rangle = \langle a, b \rangle = \mathcal{H}_t$. 由引理 2.5.2(2) 可得 $x^{3^{t+1}} = (a^{-2}b)^{3^{t+1}} = 1$ 且 $y^{3^{t+1}} = (a^{2 \cdot 3^t + 1}b^{-2})^{3^{t+1}} = 1$. 进一步的, 容易验证

$$y^{-1}xy = (a^{2 \cdot 3^t + 1}b^{-2})^{-1}(a^{2 \cdot 3^t + 1}b^{-3})(a^{2 \cdot 3^t + 1}b^{-2})$$

$$= b^{-1}a^{2 \cdot 3^t + 1}b^{-2} = b^{-1}a^{2 \cdot 3^t + 1}bb^{-3}$$

$$= a^{(2 \cdot 3^t + 1)(3^t + 1)}b^{-3} = ab^{-3} = x^{3^t}x$$

$$= x^{3^t + 1}.$$

因此 x 和 y 满足关系 $x^{3^{t+1}} = y^{3^{t+1}} = 1$ 和 $y^{-1}xy = x^{1+3^t}$. 这说明映射 $\alpha: a \mapsto x, b \mapsto y$ 是 $\mathcal{H}_t$ 的一个群自同构, 从而论断 (a) 成立.

其次证明论断 (b) 成立. 令 $w = a^{-1}$, $z = a^{-1}b$. 显然 $\langle a, b \rangle = \langle w, z \rangle$. 由引理 2.5.2(2) 可得 $w^{3^{t+1}} = (a^{-1})^{3^{t+1}} = 1$ 且 $z^{3^{t+1}} = (a^{-1}b)^{3^{t+1}} = 1$ 进一步的, 容易验证

$$z^{-1}wz = (a^{-1}b)^{-1}(a^{-1})(a^{-1}b) = b^{-1}a^{-1}b = a^{-3^t-1} = w^{3^t+1}.$$

因此 w 和 z 满足关系 $w^{3^{t+1}} = z^{3^{t+1}} = 1$ 和 $z^{-1}wz = w^{1+3^t}$. 这说明映射 $\alpha: a \mapsto w, b \mapsto z$ 是 $\mathcal{H}_t$ 的一个群自同构, 从而论断 (b) 成立.

下面我们将完成引理的证明. 由论断 (a) 知, 存在 $\alpha \in \mathrm{Aut}\,(\mathcal{H}_t)$ 使得 $a^\alpha = a^{2 \cdot 3^t+1}b^{-3}$ 且 $b^\alpha = a^{2 \cdot 3^t+1}b^{-2}$. 则有

$$S^\alpha = \{1, b, b^{-1}a\}^\alpha = \{1, a^{2 \cdot 3^t+1}b^{-2}, b^{-1}\}.$$

易证 $a^{2 \cdot 3^t+1}b^{-2} = a^{2 \cdot 3^t+1}b^{-3}b = b^{-3}a^{2 \cdot 3^t+1}b = b^{-2}b^{-1}a^{2 \cdot 3^t+1}b = b^{-2}a^{(2 \cdot 3^t+1)(3^t+1)} = b^{-2}a$. 这推得

$$b^{-1}S = b^{-1}\{1, b, b^{-1}a\} = \{b^{-1}, 1, b^{-2}a\} = S^\alpha.$$

于是由命题 2.3.2 可得, $\sigma_{\alpha,b}$ 是 Σ_t 的一个稳定 1_0 的图自同构且循环置换 1_0 的三个邻点. 令 $B = R(\mathcal{H}_t) \rtimes \langle \sigma_{\alpha,b} \rangle$. 则 B 作用在 Σ_t 的边集上正则, 从而 Σ_t 边传递. 由论断 (b) 知, 存在 $\beta \in \mathrm{Aut}\,(\mathcal{H}_t)$ 使得 $a^\beta = a^{-1}$ 且 $b^\beta = a^{-1}b$. 则有

$$S^\beta = \{1, b, b^{-1}a\}^\beta = \{1, a^{-1}b, b^{-1}\} = S^{-1}.$$

于是由命题 2.3.2 可得, $\delta_{\beta,1,1}$ 是 Σ_t 的一个互变 1_0 和 1_1 的图自同构. 这说明 Σ_t 点传递, 从而 Σ_t 是对称图.

3.4 亚循环 p-群上的连通三度边传递双凯莱图的分类

设 p 为奇素数. 在上一节中, 我们已经证明了亚循环 p-群上的连通三度边传递双凯莱图存在当且仅当 $p = 3$. 因此, 本节我们主要考虑亚循环 3-群上的连通三度边传递双凯莱图的分类. 为完成此分类, 我们先证明下面这个关于素数度双凯莱图的引理. 该引理对本章和第 5 章的证明都至关重要.

引理 3.4.1   令 p 是奇素数, H 是 p-群, $\Gamma = \mathrm{BiCay}\,(H, R, L, S)$ 是连通 p 度边传递双凯莱图. 则

(1) Γ 是正规边传递图, $R = L = \phi$, 并且存在 $1 \neq h \in H$, $\alpha \in \mathrm{Aut}\,(H)$ 使得 $S = \{1, h, hh^{\alpha}, \ldots, hh^{\alpha} \cdots h^{\alpha^{p-2}}\}$, $hh^{\alpha}h^{\alpha^2} \cdots h^{\alpha^{p-1}} = 1$ 且 $o(\alpha) \mid p$;

(2) 如果 H 中存在特征子群 K 使得 H/K 同构于 $\mathbb{Z}_{p^m} \times \mathbb{Z}_{p^n}$, 则 $|m - n| \leqslant 1$.

证明　令 $A = \mathrm{Aut}\,(\Gamma)$, P 是 A 的包含 $R(H)$ 的 Sylow p-子群. 由 Γ 是边传递图及引理 5.1.1 可得 $|A| = |R(H)| \cdot p \cdot m$ 且 $(p, m) = 1$. 这说明 $|P| = p|R(H)|$, 从而 $P \leqslant N_A(R(H))$. 进一步的, 对任意 $e \in E(\Gamma)$, 我们有 $|A : A_e| = |E(\Gamma)| = p|R(H)|$, 故 $|A_e| = m$. 这推出 $P_e = P \cap A_e = 1$, 从而 $|P : P_e| = |P| = p|R(H)| = |E(\Gamma)|$. 于是, P 作用在 Γ 的边集上传递. 因此, Γ 是正规边传递图.

令 $N = N_A(R(H))$. 则 N 作用在 Γ 的边集上传递. 由于 $R(H) \trianglelefteq N$, 故 H_0, H_1 不包含图 Γ 的边, 从而 $R = L = \phi$. 再由命题 2.3.1(2), 可假设 $1 \in S$. 因为 N 作用在 Γ 的边集上传递且 Γ 是 p 度图, 所以 N_{1_0} 中存在 p 阶元 $\sigma_{\alpha, h}$, 其中 $\alpha \in \mathrm{Aut}\,(H)$ 且 $1 \neq h \in H$. 进一步的, $\sigma_{\alpha, h}$ 循环置换 $\Gamma(1_0)$ 中的元素. 于是有 $\Gamma(1_0) = \{1_1, h_1, (hh^{\alpha})_1, \ldots, (hh^{\alpha} \cdots h^{\alpha^{p-2}})_1\}$ 且 $hh^{\alpha}h^{\alpha^2} \cdots h^{\alpha^{p-1}} = 1$. 这说明

$$S = \{1, h, hh^{\alpha}, \ldots, hh^{\alpha} \cdots h^{\alpha^{p-2}}\}$$

且 $h^{\alpha^p} = h$. 由 Γ 连通得 $H = \langle S \rangle = \langle h^{\alpha^i} \mid 0 \leqslant i \leqslant p-1 \rangle$. 又因为 $h^{\alpha^p} = h$, 所以 $\alpha^p = 1$. 因此 $o(\alpha) = 1$ 或 p, 论断 (1) 成立.

下面假设 $H/K \cong \mathbb{Z}_{p^m} \times \mathbb{Z}_{p^n}$ 且 $m > n$, 其中 K 是 H 的一个特征子群. 令 $T = \langle R(x) \in R(H) \mid x^{p^n} \in K \rangle$. 则 T 是 $R(H)$ 的特征子群且 $R(H)/T \cong \mathbb{Z}_{p^{m-n}}$. 再由命题 2.4.1 和命题 2.4.2 可知, 商图 Γ_T 是 p 度 N/T-边传递图. 显然 $R(H)/T$ 作用在 $V(\Gamma_T)$ 上半正则且恰有两个轨道. 这结合 $R(H)/T \trianglelefteq N/T$ 推出 Γ_T 是群 $R(H)/T \cong \mathbb{Z}_{p^{m-n}}$ 上的 p 度正规边传递双凯莱图.

至此, 为完成论断 (2) 的证明, 我们只需证明如果 $H \cong \mathbb{Z}_{p^m}$, 则有 $m \leqslant 1$. 假设 $H \cong \mathbb{Z}_{p^m}$ 且 $m \geqslant 2$. 因为 $H = \langle h^{\alpha^i} \mid 0 \leqslant i \leqslant p-1 \rangle$, 所以 $H = \langle h \rangle$. 令 $h^{\alpha} = h^{\lambda}$, 其中 $\lambda \in \mathbb{Z}_{p^m}^*$. 则

$$1 = hh^{\alpha}h^{\alpha^2} \cdots h^{\alpha^{p-1}} = h^{1 + \lambda + \lambda^2 + \cdots + \lambda^{p-1}},$$

从而

$$1 + \lambda + \lambda^2 + \cdots + \lambda^{p-1} \equiv 0 \pmod{p^m}.$$

这推出 $\lambda^p \equiv 1 \pmod{p^m}$, 于是 $\lambda \equiv 1 \pmod{p}$. 令 $\lambda = kp + 1$, 其中 k 为整数. 由 $m \geqslant 2$, 我们有

$$1 + (kp+1) + (kp+1)^2 + \cdots + (kp+1)^{p-1} \equiv 0 \pmod{p^2}.$$

故

$$1 + (kp+1) + (2kp+1) + \cdots + ((p-1)kp+1) \equiv 0 \pmod{p^2},$$

从而

$$p + \frac{1}{2}p(p-1)kp \equiv 0 \pmod{p^2},$$

矛盾. 因此 $m \leqslant 1$, 论断 (2) 成立.

引理 3.4.2 令 Γ 是亚循环 3-群 H 上的连通三度边传递双凯莱图. 则 H 要么是交换群, 要么是内交换群.

证明 因 H 是亚循环 3-群, 根据命题 2.5.4 有:

$$H = \langle a, b \mid a^{3^{r+s+u}} = 1, b^{3^{r+s+t}} = a^{3^{r+s}}, a^b = a^{1+3^r} \rangle,$$

其中 r, s, t, u 是非负整数且满足 $u \leqslant r, r \geqslant 1$.

令 $\Gamma = \mathrm{BiCay}(H, R, L, S)$ 是 H 上的连通三度边传递双凯莱图且 $A = \mathrm{Aut}(\Gamma)$. 令 P 是 A 的包含 $R(H)$ 的一个 Sylow p-子群. 由引理 3.4.1(1) 的证明, 我们知道 P 作用在 Γ 的边集上传递. 因为 $H' = \langle a^{p^r} \rangle \cong \mathbb{Z}_{3^{s+u}}$, 所以

$$H/H' = \langle \overline{a}, \overline{b} \mid \overline{a}^{3^r} = \overline{b}^{3^{r+s+t}} = 1, \overline{a}^{\overline{b}} = \overline{a} \rangle \cong \mathbb{Z}_{3^r} \times \mathbb{Z}_{3^{r+s+t}},$$

其中 $\overline{a} = aH'$ 且 $\overline{b} = bH'$. 根据引理 3.4.1(2), 我们有 $s + t = 0$ 或 1, 于是 $(s, t) = (0,0), (1,0)$ 或 $(0,1)$.

令 $n = 2r + 2s + u + t$. 我们对 n 用归纳法, 证明 H 是交换群或内交换群. 如果 $n = 1$ 或 2, 则显然 H 是交换群. 下面假设 $n \geqslant 3$. 令 N 是 P 的极小正规子群且 $N \leqslant R(H)$. 因为 H 亚循环, 所以 $N \cong \mathbb{Z}_3$ 或 $\mathbb{Z}_3 \times \mathbb{Z}_3$. 假设 $N \cong \mathbb{Z}_3 \times \mathbb{Z}_3$. 注意到 $R(H)' \cong \mathbb{Z}_{3^{s+u}}$. 令 Q 为 $R(H)'$ 的 3 阶子群. 由 Q 特征于 $R(H)'$, $R(H)'$ 特征于 $R(H)$, 且 $R(H) \trianglelefteq P$ 知 $Q \trianglelefteq P$. 根据引理 2.5.1(6) 可得, $R(H)$ 的每一个 3 阶子群都包含在 N 中. 于是有 $Q < N$, 与 N 的极小性矛盾. 故 $N \cong \mathbb{Z}_3$. 接下

来考虑商图 Γ_N. 显然 N 作用在 H_0 和 H_1 上都不传递. 于是, 由命题 2.4.1 和命题 2.4.2 可得, N 作用在 Γ_N 上半正则且 Γ_N 是三度 P/N 正规边传递图. 显然, Γ_N 是 $R(H)/N$ 上的阶为 $2 \cdot 3^{n_1}$ 的双凯莱图且 $n_1 < n$. 由归纳假设得, $R(H)/N$ 要么交换, 要么内交换. 如果 $R(H)/N$ 交换, 那么 $R(H)' \leqslant N \cong \mathbb{Z}_3$. 这推出 $R(H)' = 1$ 或 $R(H)' \cong \mathbb{Z}_3$, 于是 $H \cong R(H)$ 是交换群或内交换群, 正如引理所述.

以下我们假设 $R(H)/N$ 内交换, 且对任意 $h \in H$, 我们记 hN 为 $\bar{h}$. 下面分 $(s,t) = (0,0), (1,0)$ 或 $(0,1)$ 这三种情形进行讨论.

情形 1 $(s,t) = (0,0)$.

在这种情形下, 我们有

$$H = \langle a,b \mid a^{3^{r+u}} = 1, b^{3^r} = a^{3^r}, a^b = a^{1+3^r} \rangle.$$

令 $x = a$ 且 $y = ba^{-1}$. 因为 $b^{3^r} = a^{3^r}$, 由命题 2.5.4(2), 我们有 $y^{3^r} = (ba^{-1})^{3^r} = 1$ 且

$$x^y = a^{ba^{-1}} = (a^b)^{a^{-1}} = (a^{1+3^r})^{a^{-1}} = a^{1+3^r} = x^{1+3^r}.$$

则

$$R(H) \cong H = \langle x,y \mid x^{3^{r+u}} = y^{3^r} = 1, x^y = x^{1+3^r} \rangle.$$

由于 $N \cong \mathbb{Z}_3$ 且 $N \leqslant R(H)$, 根据引理 2.5.1(6) 可得, N 是下列四个群之一: $\langle x^{3^{r+u-1}} \rangle, \langle y^{3^{r-1}} \rangle, \langle y^{3^{r-1}} x^{3^{r+u-1}} \rangle, \langle y^{3^{r-1}} x^{2 \cdot 3^{r+u-1}} \rangle$.

首先假设 $N \neq \langle x^{3^{r+u-1}} \rangle$. 则 $\bar{x}$ 的阶为 3^{r+u}. 我们将证明

$$H/N = \langle \bar{x}, \bar{h} \mid \bar{x}^{3^{r+u}} = \bar{h}^{3^{r-1}} = \bar{1}, \bar{x}^{\bar{h}} = \bar{x}^{1+3^r} \rangle. \tag{3.1}$$

事实上, 如果 $N = \langle y^{3^{r-1}} \rangle$, 则取 $h = y$; 如果 $N = \langle y^{3^{r-1}} x^{3^{r+u-1}} \rangle$, 则取 $h = yx^{3^u}$. 于是由引理 2.5.1(6)–(7), 我们有

$$(yx^{3^u})^{3^{r-1}} = y^{3^{r-1}} x^{3^u[1+(1+3^r)+(1+3^r)^2+\cdots+(1+3^r)^{3^{r-1}-1}]}$$

$$= y^{3^{r-1}} x^{3^u[1+(1+3^r)+(1+2\cdot3^r)+\cdots+(1+(3^{r-1}-1)\cdot3^r)]}$$

$$= y^{3^{r-1}} x^{3^u \cdot 3^{r-1}}$$

$$= y^{3^{r-1}} x^{3^{u+r-1}} \in N.$$

如果 $N = \langle y^{3^{r-1}} x^{2 \cdot 3^{r+u-1}} \rangle$, 则取 $h = yx^{2 \cdot 3^u}$. 于是由引理 2.5.1(4)–(5), 我们有

$$(yx^{2 \cdot 3^u})^{3^{r-1}} = y^{3^{r-1}} x^{2 \cdot 3^u [1 + (1+3^r) + (1+3^r)^2 + \cdots + (1+3^r)^{3^{r-1}-1}]}$$

$$= y^{3^{r-1}} x^{2 \cdot 3^u [1 + (1+3^r) + (1+2 \cdot 3^r) + \cdots + (1 + (3^{r-1}-1) \cdot 3^r)]}$$

$$= y^{3^{r-1}} x^{2 \cdot 3^u \cdot 3^{r-1}}$$

$$= y^{3^{r-1}} x^{2 \cdot 3^{u+r-1}} \in N.$$

显然对于以上每种情况, 都有 $\overline{x}^{\overline{h}} = \overline{x}^{1+3^r}$, 从而 (3.1) 式成立. 因为 $R(H)/N$ 是内交换群, 根据文献 [96] 或文献 [87] 的引理 65.2 可知 $u = 1$. 然而, 由引理 3.4.1 得, 不存在 $R(H)/N$ 上的连通三度边传递双凯莱图, 矛盾.

其次假设 $N = \langle x^{3^{r+u-1}} \rangle$. 则

$$H/N = \langle \overline{x}, \overline{y} \mid \overline{x}^{3^{r+u-1}} = \overline{y}^{3^r} = \overline{1}, \overline{x}^{\overline{y}} = \overline{x}^{1+3^r} \rangle.$$

因为 $R(H)/N$ 是内交换群, 根据文献 [96] 或 [87] 的引理 65.2 可知 $u = 2$. 于是

$$H = \langle x, y \mid x^{3^{r+2}} = y^{3^r} = 1, x^y = x^{1+3^r} \rangle,$$

其中 $r \geqslant 1$. 如果 $r = 1$, 则根据 MAGMA [73] 计算可得, 不存在 H 上的三度边传递双凯莱图, 矛盾. 如果 $r \geqslant 2$, 则根据引理 3.4.1(1), 我们有 $R = L = \emptyset$. 假设 $S = \{1, g, h\}$. 因 Γ 连通, 由命题 2.3.1(1) 得 $H = \langle S \rangle = \langle g, h \rangle$. 于是 $o(g) = o(h) = \exp(H) = 3^{r+2}$, 从而 $H' = \langle x^{3^r} \rangle = \langle g^{3^r} \rangle = \langle h^{3^r} \rangle$. 进一步的, 由引理 3.4.1(1) 知, 存在 $\alpha \in \mathrm{Aut}\,(H)$ 使得 $g^\alpha = g^{-1}h$, $h^\alpha = g^{-1}$ 且 $o(\alpha) \mid 3$. 假若 $\alpha = 1$. 则 $h = g^{-1}$, 从而 $H = \langle g \rangle$, 矛盾. 因此, α 为 3 阶元. 假设 $(g^{3^r})^\alpha = g^{\lambda \cdot 3^r}$, 其中 $\lambda \in \mathbb{Z}_9^*$. 则 $(h^{3^r})^\alpha = h^{\lambda \cdot 3^r}$. 因为 $g^\alpha = g^{-1}h$ 且 $h^\alpha = g^{-1}$, 我们有 $g^{\lambda \cdot 3^r} = g^{-3^r}h^{3^r}$ 且 $h^{\lambda \cdot 3^r} = g^{-3^r}$. 于是

$$g^{\lambda^2 \cdot 3^r} = (g^{\lambda \cdot 3^r})^\lambda = (g^{-3^r} h^{3^r})^\lambda = g^{-\lambda \cdot 3^r} h^{\lambda \cdot 3^r} = g^{-\lambda \cdot 3^r} g^{-3^r} = g^{(-\lambda-1) \cdot 3^r}.$$

这推出 $g^{(\lambda^2 + \lambda + 1) \cdot 3^r} = 1$, 从而 $9 \mid \lambda^2 + \lambda + 1$, 矛盾.

情形 2 $(s,t) = (1,0)$.

在这种情形下, 我们有

$$H = \langle a, b \mid a^{3^{r+u+1}} = 1, b^{3^{r+1}} = a^{3^{r+1}}, a^b = a^{1+3^r} \rangle.$$

令 $x = a$ 且 $y = ba^{-1}$. 因为 $b^{3^{r+1}} = a^{3^{r+1}}$, 由命题 2.5.4(2) 得 $y^{3^{r+1}} = (ba^{-1})^{3^{r+1}} = 1$ 且

$$x^y = a^{ba^{-1}} = (a^b)^{a^{-1}} = (a^{1+3^r})^{a^{-1}} = a^{1+3^r} = x^{1+3^r}.$$

则

$$R(H) \cong H = \langle x, y \mid x^{3^{r+u+1}} = y^{3^{r+1}} = 1, x^y = x^{1+3^r} \rangle.$$

由于 $N \cong \mathbb{Z}_3$ 且 $N \leqslant R(H)$, 根据引理 2.5.1(6) 可得, N 是下列四个群之一: $\langle x^{3^{r+u}} \rangle$, $\langle y^{3^r} \rangle$, $\langle y^{3^r} x^{3^{r+u}} \rangle$, $\langle y^{3^r} x^{2 \cdot 3^{r+u}} \rangle$.

首先假设 $N \neq \langle x^{3^{r+u}} \rangle$. 则 $\overline{x}$ 的阶为 3^{r+u+1}. 我们将证明

$$H/N = \langle \overline{x}, \overline{h} \mid \overline{x}^{3^{r+u+1}} = \overline{h}^{3^r} = \overline{1}, \overline{x}^{\overline{h}} = \overline{x}^{1+3^r} \rangle. \tag{3.2}$$

事实上, 如果 $N = \langle y^{3^r} \rangle$, 则取 $h = y$; 如果 $N = \langle y^{3^r} x^{3^{r+u}} \rangle$, 则取 $h = yx^{3^u}$. 于是由引理 2.5.1(4)–(5), 我们有

$$(yx^{3^u})^{3^r} = y^{3^r} x^{3^u[1+(1+3^r)+(1+3^r)^2+\cdots+(1+3^r)^{3^r-1}]}$$

$$= y^{3^r} x^{3^u[1+(1+3^r)+(1+2\cdot3^r)+\cdots+(1+(3^r-1)\cdot3^r)]}$$

$$= y^{3^r} x^{3^u\left[3^r + \frac{3^r\cdot(3^r-1)}{2}\cdot3^r\right]}$$

$$= y^{3^r} x^{3^{u+r}} \in N.$$

如果 $N = \langle y^{3^r} x^{2\cdot3^{r+u}} \rangle$, 则取 $h = yx^{2\cdot3^u}$. 于是由引理 2.5.1(4)–(5), 我们有

$$(yx^{2\cdot3^u})^{3^r} = y^{3^r} x^{2\cdot3^u[1+(1+3^r)+(1+3^r)^2+\cdots+(1+3^r)^{3^r-1}]}$$

$$= y^{3^r} x^{2\cdot3^u[1+(1+3^r)+(1+2\cdot3^r)+\cdots+(1+(3^r-1)\cdot3^r)]}$$

$$= y^{3^r} x^{2\cdot3^u\left[3^r + \frac{3^r\cdot(3^r-1)}{2}\cdot3^r\right]}$$

$$= y^{3^r} x^{2\cdot3^{u+r}} \in N.$$

显然对于以上每种情况, 都有 $\overline{x}^{\overline{h}} = \overline{x}^{1+3^r}$, 从而 (3.2) 式成立. 因为 $R(H)/N$ 是内交换群, 根据文献 [96] 或 [87] 的引理 65.2 可知 $u = 0$. 则

$$H = \langle x, y \mid x^{3^{r+1}} = y^{3^{r+1}} = 1, x^y = x^{1+3^r}\rangle,$$

其中 $r \geqslant 1$. 由文献 [96] 或 [87] 的引理 65.2 可得, H 是内交换群, 正如引理所述.

其次假设 $N = \langle x^{3^{r+u}}\rangle$. 则

$$R(H)/N = \langle \overline{x}, \overline{y} \mid \overline{x}^{3^{r+u}} = \overline{y}^{3^{r+1}} = \overline{1}, \overline{x}^{\overline{y}} = \overline{x}^{1+3^r}\rangle.$$

因为 $R(H)/N$ 是内交换群, 根据文献 [96] 或 [87] 的引理 65.2 可知 $u = 1$. 则

$$H = \langle x, y \mid x^{3^{r+2}} = y^{3^{r+1}} = 1, x^y = x^{1+3^r}\rangle,$$

其中 $r \geqslant 1$.

如果 $r = 1$, 则由 MAGMA [73] 计算知, 不存在 H 上的连通 3 度边传递双凯莱图, 矛盾. 如果 $r \geqslant 2$, 则根据引理 3.4.1(1) 得, $R = L = \phi$. 假设 $S = \{1, g, h\}$. 因为 Γ 连通, 所以由命题 2.3.1(1), 我们有 $H = \langle S\rangle = \langle g, h\rangle$. 这推出 $o(g) = o(h) = \exp(H) = 3^{r+2}$. 由引理 3.4.1(1) 可知, 存在 $\alpha \in \operatorname{Aut}(H)$ 使得 $g^\alpha = g^{-1}h$, $h^\alpha = g^{-1}$ 且 $o(\alpha) \mid 3$. 假若 $\alpha = 1$. 则 $h = g^{-1}$, 从而 $H = \langle g\rangle$, 矛盾. 因此, α 是 3 阶元. 注意到

$$\Omega_r(H) = \langle z^{3^r} \mid z \in H\rangle = \langle x^{3^r}\rangle \times \langle y^{3^r}\rangle \cong \mathbb{Z}_9 \times \mathbb{Z}_3$$

且 $g^{3^r}, h^{3^r} \in \Omega_r(H)$.

如果 $\langle g^{3^r}\rangle = \langle h^{3^r}\rangle$, 那么我们假设 $(g^{3^r})^\alpha = g^{\lambda \cdot 3^r}$, 其中 $\lambda \in \mathbb{Z}_9^*$. 于是有 $(h^{3^r})^\alpha = h^{\lambda \cdot 3^r}$. 因为 $g^\alpha = g^{-1}h$ 且 $h^\alpha = g^{-1}$, 所以 $g^{\lambda \cdot 3^r} = g^{-3^r}h^{3^r}$ 且 $h^{\lambda \cdot 3^r} = g^{-3^r}$. 从而

$$g^{\lambda^2 \cdot 3^r} = (g^{\lambda \cdot 3^r})^\lambda = (g^{-3^r}h^{3^r})^\lambda = g^{-\lambda \cdot 3^r}h^{\lambda \cdot 3^r} = g^{-\lambda \cdot 3^r}g^{-3^r} = g^{(-\lambda-1)\cdot 3^r}.$$

这推出 $g^{(\lambda^2+\lambda+1)\cdot 3^r} = 1$, 故 $9 \mid \lambda^2 + \lambda + 1$, 矛盾.

假设 $\langle g^{3^r}\rangle \neq \langle h^{3^r}\rangle$. 则 $\Omega_r(H) = \langle g^{3^r}, h^{3^r}\rangle$ 且 $H' = \langle x^{3^r}\rangle \cong \mathbb{Z}_9$. 假设 $x^{3^r} = g^{i \cdot 3^r}h^{j \cdot 3^r}$, 其中 $i, j \in \mathbb{Z}_9$. 则要么 $(i, 3) = 1$, 要么 $(j, 3) = 1$. 因为

$H' = \langle x^{3^r} \rangle$, 我们有 $\langle x^{3^r} \rangle^\alpha = \langle x^{3^r} \rangle$. 于是有 $(g^{i \cdot 3^r} h^{j \cdot 3^r})^\alpha = (g^{i \cdot 3^r} h^{j \cdot 3^r})^k$, 其中 $k \in \mathbb{Z}_9$. 从而

$$g^{ik \cdot 3^r} h^{jk \cdot 3^r} = (g^{i \cdot 3^r} h^{j \cdot 3^r})^\alpha = (g^\alpha)^{i \cdot 3^r} (h^\alpha)^{j \cdot 3^r} = g^{-i \cdot 3^r} h^{i \cdot 3^r} g^{-j \cdot 3^r} = g^{-(i+j) \cdot 3^r} h^{i \cdot 3^r}.$$

这推出 $-(i+j) \equiv ik \pmod 9$ 且 $i \equiv jk \pmod 9$. 故 $-(jk+j) \equiv jk^2 \pmod 9$, 从而 $j(1 + k + k^2) \equiv 0 \pmod 9$, 这说明 $3 \mid j$. 进一步的, 由 $i \equiv jk \pmod 9$ 可得 $3 \mid i$, 矛盾.

情形 3 $(s, t) = (0, 1)$.

在这种情形下, 我们有

$$H = \langle a, b \mid a^{3^{r+u}} = 1, b^{3^{r+1}} = a^{3^r}, a^b = a^{1+3^r} \rangle.$$

令 $x = b$ 且 $y = b^3 a^{-1}$. 因为 $a^b = a^{1+3^r}$, 我们有 $b^{-1} a b a^{-1} = a^{3^r}$, 从而

$$a b a^{-1} = b a^{3^r} = b b^{3^{r+1}} = b^{1+3^{r+1}}.$$

因为 $b^{3^{r+1}} = a^{3^r}$, 由命题 2.5.4(2), 我们有

$$x^{3^{r+u+1}} = b^{3^{r+u+1}} = a^{3^{r+u}} = 1, \quad y^{3^r} = (b^3 a^{-1})^{3^r} = 1,$$

且

$$x^y = b^{b^3 a^{-1}} = (b)^{a^{-1}} = a b a^{-1} = b^{1+3^{r+1}} = x^{1+3^{r+1}}.$$

则

$$R(H) \cong H = \langle x, y \mid x^{3^{r+u+1}} = y^{3^r} = 1, x^y = x^{1+3^{r+1}} \rangle.$$

由于 $N \cong \mathbb{Z}_3$ 且 $N \leqslant R(H)$, 根据引理 2.5.1(6) 可得, N 是下列四个群之一: $\langle x^{3^{r+u}} \rangle$, $\langle y^{3^{r-1}} \rangle$, $\langle y^{3^{r-1}} x^{3^{r+u}} \rangle$, $\langle y^{3^{r-1}} x^{2 \cdot 3^{r+u}} \rangle$.

首先假设 $N \neq \langle x^{3^{r+u}} \rangle$. 则 $\overline{x}$ 的阶为 3^{r+u+1}. 我们将证明

$$H/N = \langle \overline{x}, \overline{h} \mid \overline{x}^{3^{r+u+1}} = \overline{h}^{3^{r-1}} = \overline{1}, \overline{x}^{\overline{h}} = \overline{x}^{1+3^{r+1}} \rangle. \tag{3.3}$$

事实上, 如果 $N = \langle y^{3^{r-1}} \rangle$, 则取 $h = y$; 如果 $N = \langle y^{3^{r-1}} x^{3^{r+u}} \rangle$, 则取 $h = y x^{3^{u+1}}$. 于是由引理 2.5.1(4)–(5), 我们有

$$(y x^{3^{u+1}})^{3^{r-1}} = y^{3^{r-1}} x^{3^{u+1}[1 + (1+3^{r+1}) + (1+3^{r+1})^2 + \cdots + (1+3^{r+1})^{3^{r-1} - 1}]}$$

$$= y^{3^{r-1}} x^{3^{u+1}[1+(1+3^{r+1})+(1+2\cdot3^{r+1})+\cdots+(1+(3^{r-1}-1)\cdot3^{r+1})]}$$

$$= y^{3^{r-1}} x^{3^{u+1}\left[3^{r-1}+\frac{3^{r-1}\cdot(3^{r-1}-1)}{2}\cdot3^{r+1}\right]}$$

$$= y^{3^{r-1}} x^{3^{u+r}} \in N.$$

如果 $N = \langle y^{3^{r-1}} x^{2\cdot3^{r+u}} \rangle$，则取 $h = yx^{2\cdot3^{u+1}}$. 于是由引理 2.5.1(4)–(5)，我们有

$$(yx^{2\cdot3^{u+1}})^{3^{r-1}} = y^{3^{r-1}} x^{2\cdot3^{u+1}[1+(1+3^{r+1})+(1+3^{r+1})^2+\cdots+(1+3^{r+1})^{3^{r-1}-1}]}$$

$$= y^{3^{r-1}} x^{2\cdot3^{u+1}[1+(1+3^{r+1})+(1+2\cdot3^{r+1})+\cdots+(1+(3^{r-1}-1)\cdot3^{r+1})]}$$

$$= y^{3^{r-1}} x^{2\cdot3^{u+1}\left[3^{r-1}+\frac{3^{r-1}\cdot(3^{r-1}-1)}{2}\cdot3^{r+1}\right]}$$

$$= y^{3^{r-1}} x^{2\cdot3^{u+r}} \in N.$$

显然对于以上每种情况，都有 $\overline{x}^{\overline{h}} = \overline{x}^{1+3^r}$，从而 (3.3) 式成立. 因为 $R(H)/N$ 是内交换群，根据文献 [96] 或 [87] 的引理 65.2 可知 $u = 1$. 然而由引理 3.4.1 得，不存在 $R(H)/N$ 上的连通三度边传递双凯莱图，矛盾.

其次假设 $N = \langle x^{3^{r+u}} \rangle$. 则

$$R(H)/N = \langle \overline{x}, \overline{y} \mid \overline{x}^{3^{r+u}} = \overline{y}^{3^r} = \overline{1}, \overline{x}^{\overline{y}} = \overline{x}^{1+3^{r+1}} \rangle.$$

因为 $R(H)/N$ 是内交换群，根据文献 [96] 或 [87] 的引理 65.2 可知 $u = 2$. 然而，由引理 3.4.1 得，不存在 $R(H)/N$ 上的连通三度边传递双凯莱图，矛盾.

定理 3.4.1 设 Γ 是非交换亚循环 p-群 H 上的连通三度边传递双凯莱图，其中 p 为奇素数. 则 Γ 同构于 Γ_t 或 Σ_t (参见构造 1 和构造 2).

证明 由引理 3.2.1 和引理 3.4.2 知 $p = 3$，H 为内交换亚循环群且 $|H| \geqslant 3^3$. 如果 $|H| = 3^3$，那么 $|V(\Gamma)| = 54$ 且由文献 [63, 93] 可知 Γ 同构于 Γ_1. 以下假设 $|H| > 3^3$. 则由定理 3.2.1 可得 Γ 是 H 上的边传递的正规双凯莱图. 设 $\Gamma = \text{BiCay}\,(H, R, L, S)$. 则 $R(H)$ 作用在 $V(\Gamma)$ 的两个轨道 H_0, H_1 中不包含图 Γ 的边，因此 $R = L = \phi$. 根据命题 2.3.1(2)，可假设 $S = \{1, x, y\}$，其中 $x, y \in H$. 又因 Γ 连通，由命题 2.3.1(1)，我们有 $H = \langle S \rangle = \langle x, y \rangle$.

令 $A = \text{Aut}\,(\Gamma)$. 因为 Γ 正规且边传递，故由命题 2.3.2 知，存在 $\sigma_{\alpha,h} \in A_{1_0}$ 使得 $\sigma_{\alpha,h}$ 循环置换 $\Gamma(1_0) = \{1_1, x_1, y_1\}$ 中的三个元素，其中 $\alpha \in \text{Aut}\,(H)$ 且

$h \in H$. 不失一般性, 我们假设 $\sigma_{\alpha,h}|_{\Gamma(1_0)} = (1_1 \ x_1 \ y_1)$. 则有 $x_1 = (1_1)^{\sigma_{\alpha,h}} = h_1$, $y_1 = (x_1)^{\sigma_{\alpha,h}} = (xx^\alpha)_1$ 且 $1_1 = (y_1)^{\sigma_{\alpha,h}} = (xy^\alpha)_1$. 于是有 $x = h$, $x^\alpha = x^{-1}y$ 且 $y^\alpha = x^{-1}$. 这说明 α 是一个阶被 3 整除的 H 的自同构. 所以, 要么 $\alpha = 1$, 要么 $o(\alpha) = 3$. 如果 $\alpha = 1$, 那么 $x = y^{-1}$ 且 $x = x^{-1}y = y^2$, 从而 $y^3 = 1$ 且 $x^3 = 1$. 这推出 $H \cong \mathbb{Z}_3$, 与 $|H| > 3^3$ 矛盾. 因此 $o(\alpha) = 3$.

由于 H 是内交换 3-群, 根据初等群论知识 (参见 [96]), 我们假设

$$H = \langle a, b \mid a^{3^{t+1}} = b^{3^s} = 1, b^{-1}ab = a^{3^t+1} \rangle,$$

其中 $t \geqslant 2, s \geqslant 1$. 接下来我们先证明以下两个论断:

(a) $H/H' = \langle aH' \rangle \times \langle bH' \rangle \cong \mathbb{Z}_{3^t} \times \mathbb{Z}_{3^t}, \mathbb{Z}_{3^t} \times \mathbb{Z}_{3^{t-1}}$ 或 $\mathbb{Z}_{3^t} \times \mathbb{Z}_{3^{t+1}}$;

(b) $o(x) = o(y) = o(x^{-1}y) = 3^n$ 且 $x^{3^{n-1}} \neq y^{3^{n-1}}$.

首先证明论断 (a) 成立. 根据引理 2.5.2 (3) 可知 $R(H)' \cong \mathbb{Z}_3$. 由 $R(H)'$ 是 $R(H)$ 的特征子群且 $R(H) \trianglelefteq A$ 得 $R(H)' \trianglelefteq A$. 下面考虑商图 $\Gamma_{R(H)'}$. 显然 $R(H)'$ 作用在 H_0 和 H_1 上都不传递, 其中 H_0 和 H_1 是 $R(H)$ 作用在 $V(\Gamma)$ 上的两个轨道. 于是由命题 2.4.1 和命题 2.4.2 知 $\Gamma_{R(H)'}$ 是一个三度 $A/R(H)'$-边传递图. 注意到 $\Gamma_{R(H)'}$ 是交换群 $R(H)/R(H)'$ 上的一个双凯莱图且 $R(H)/R(H)' \trianglelefteq A/R(H)'$. 这结合命题 2.3.3 推出 $R(H)/R(H)' \cong \mathbb{Z}_{3^{m+m_1}} \times \mathbb{Z}_{3^m}$, 其中 m, m_1 为整数且满足 $\lambda^2 - \lambda + 1 \equiv 0 \pmod{3^{m_1}}$, $\lambda \in \mathbb{Z}_{3^{m_1}}^*$. 这说明 $m_1 = 0$ 或 1, 从而 $R(H)/R(H)' \cong \mathbb{Z}_{3^m} \times \mathbb{Z}_{3^m}$ 或 $\mathbb{Z}_{3^{m+1}} \times \mathbb{Z}_{3^m}$. 由 $a^{3^t} = [a, b]$ 得 $\langle aH' \rangle \cong \mathbb{Z}_{3^t}$. 又因为 $H' \cap \langle b \rangle = 1$, 所以 $H/H' = \langle aH' \rangle \times \langle bH' \rangle \cong \mathbb{Z}_{3^t} \times \mathbb{Z}_{3^s}$. 因此, 如果 $R(H)/R(H)' \cong \mathbb{Z}_{3^m} \times \mathbb{Z}_{3^m}$, 那么 $m = s = t$; 如果 $R(H)/R(H)' \cong \mathbb{Z}_{3^{m+1}} \times \mathbb{Z}_{3^m}$, 那么 $(t, s) = (m, m+1)$ 或 $(m+1, m)$. 故论断 (a) 成立.

令 $n = \max\{t+1, s\}$. 由引理 2.5.2(2) 知群 H 的方次数为 3^n.

其次证明论断 (b) 成立. 观察到 $x^\alpha = x^{-1}y$ 且 $y^\alpha = x^{-1}$. 故 $o(x) = o(y) = o(x^{-1}y)$. 于是由引理 2.5.2(2) 得 $o(x) = o(y) = o(x^{-1}y) = 3^n$. 故 $(x^{-1}y)^{3^{n-1}} \neq 1$. 再根据引理 2.5.2(2), 我们有 $x^{-3^{n-1}}y^{3^{n-1}} \neq 1$, 从而 $x^{3^{n-1}} \neq y^{3^{n-1}}$. 故论断 (b) 成立.

根据论断 (a), 我们分以下三种情形进行证明.

情形 1 $H/H' = \langle aH' \rangle \times \langle bH' \rangle \cong \mathbb{Z}_{3^t} \times \mathbb{Z}_{3^t}$.

在这种情形下，我们有 $s = t$. 由论断 (b) 可得 $o(x) = o(y) = o(x^{-1}y) = 3^{t+1}$ 且 $x^{3^t} \neq y^{3^t}$. 又因为 $H' \cong \mathbb{Z}_3$, 所以 $H' = \langle x^{3^t} \rangle = \langle y^{3^t} \rangle$, 这说明 $y^{3^t} = x^{-3^t}$. 因此 $(xy)^{3^t} = x^{3^t} y^{3^t} = x^{3^t} x^{-3^t} = 1$. 由于 $[x, y] \in H'$ 且 $H' = \langle x^{3^t} \rangle$, 故 $[x, y] = x^{3^t}$ 或 x^{-3^t}. 这说明 $(xy)^{-1} \cdot x \cdot (xy) = y^{-1}xy = x^{1+3^t}$ 或 x^{1-3^t}.

如果 $(xy)^{-1} \cdot x \cdot (xy) = y^{-1}xy = x^{1+3^t}$, 那么

$$H = \langle x, xy \mid x^{3^{t+1}} = (xy)^{3^t} = 1, (xy)^{-1} \cdot x \cdot (xy) = x^{1+3^t} \rangle,$$

且 $S = \{1, x, y\} = \{1, x, x^{-1}(xy)\}$. 因此, $\Gamma \cong \Gamma_t$ (见构造 1).

如果 $(xy)^{-1} \cdot x \cdot (xy) = y^{-1}xy = x^{1-3^t}$, 那么

$$H = \langle x, (xy)^{-1} \mid x^{3^{t+1}} = [(xy)^{-1}]^{3^t} = 1, (xy) \cdot x \cdot (xy)^{-1} = x^{1+3^t} \rangle,$$

且 $S = \{1, x, y\} = \{1, x, x^{-1}[(xy)^{-1}]^{-1}\}$. 由命题 2.3.1(4), 我们有

$$\Gamma = \text{BiCay}\,(H, \emptyset, \emptyset, S) \cong \text{BiCay}\,(H, \phi, \phi, S^{-1}).$$

注意到 $S^{-1} = \{1, x^{-1}, y^{-1}\} = \{1, x^{-1}, (xy)^{-1}x\}$. 容易验证映射

$$f \colon x \mapsto x^{-1}, \quad (xy)^{-1} \mapsto (xy)^{-1}x^{3^t}$$

诱导出 H 的一个自同构且满足 $\{1, x, x^{-1}(xy)^{-1}\}^f = S^{-1}$. 又根据命题 2.3.1 (3), 我们有

$$\Gamma \cong \text{BiCay}\,(H, \emptyset, \emptyset, S^{-1}) \cong \text{BiCay}\,(H, \phi, \phi, \{1, x, x^{-1}(xy)^{-1}\}) \cong \mathcal{G}_t.$$

情形 2 $H/H' = \langle aH' \rangle \times \langle bH' \rangle \cong \mathbb{Z}_{3^t} \times \mathbb{Z}_{3^{t-1}}$.

在这种情形下，我们有 $s = t - 1$. 令 $T = \langle R(h) \mid h \in H, h^{3^{t-1}} = 1 \rangle$. 则 $T = \langle R(a)^9 \rangle \times \langle R(b) \rangle$. 由 T 是 $R(H)$ 的特征子群且 $R(H) \trianglelefteq A$ 可得 $T \trianglelefteq A$. 进一步的, 有 $R(H)/T \cong \mathbb{Z}_9$. 根据命题 2.4.1 和命题 2.4.2 得, 商图 Γ_T 是一个 18 阶的三度边传递图. 显然, $R(H)/T$ 作用在 $V(\Gamma_T)$ 半正则且具有两个轨道. 故 Γ_T 是 9 阶循环群 $R(H)/T$ 上的一个双凯莱图. 这结合 $R(H)/T \trianglelefteq A/T$ 和命题 2.3.3 可得, 存在 $\lambda \in \mathbb{Z}_{3^2}^*$ 使得 $\lambda^2 - \lambda + 1 \equiv 0 \pmod{3^2}$, 但这不可能发生, 矛盾.

情形 3 $H/H' = \langle aH' \rangle \times \langle bH' \rangle \cong \mathbb{Z}_{3^t} \times \mathbb{Z}_{3^{t+1}}$.

在这种情形下，我们有 $s = t + 1$. 令 $N = \langle h \mid h \in H, h^3 = 1 \rangle$. 则 $N = \langle a^{3^t}, b^{3^t} \rangle \cong \mathbb{Z}_3 \times \mathbb{Z}_3$. 由论断 (b) 可得 $o(x) = o(y) = 3^{t+1}$. 因为 $H = \langle x, y \rangle$, 所以 $N = \langle x^{3^t}, y^{3^t} \rangle$. 又因为 $H' \cong \mathbb{Z}_3$, 我们有 $H' \leqslant N$. 因此, $H' = \langle x^{3^t} \rangle$, $\langle y^{3^t} \rangle$, $\langle (xy)^{3^t} \rangle$ 或 $\langle (xy^{-1})^{3^t} \rangle$.

注意到, 存在 $\alpha \in \operatorname{Aut}(H)$ 使得 $x^\alpha = x^{-1}y$ 且 $y^\alpha = x^{-1}$. 如果这三个群 $\langle x \rangle$, $\langle y \rangle$, $\langle x^{-1}y \rangle$ 中有一个在 H 中正规, 那么这三个群都在 H 中正规. 因此, 由 $|H| = 3^{2(t+1)}$ 可得 $H = \langle x, y \rangle = \langle x \rangle \times \langle y \rangle$. 但由于 H 非交换, 这不可能发生. 从而, 这三个群 $\langle x \rangle$, $\langle y \rangle$, $\langle x^{-1}y \rangle$ 在 H 中都不正规. 这说明 $H' = \langle (xy)^{3^t} \rangle$. 故要么 $x^{-1}(xy)x = (xy)^{1+3^t}$, 要么 $x^{-1}(xy)x = (xy)^{1-3^t}$.

如果 $x^{-1}(xy)x = (xy)^{1+3^t}$, 那么

$$H = \langle xy, x \mid (xy)^{3^{t+1}} = x^{3^{t+1}} = 1, x^{-1}(xy)x = (xy)^{3^t+1} \rangle$$

且 $S = \{1, x, y\} = \{1, x, x^{-1}(xy)\}$. 因此 $\Gamma \cong \Sigma_t$ (见构造 2).

如果 $x^{-1}(xy)x = (xy)^{1-3^t}$, 那么

$$H = \langle xy, x^{-1} \mid (xy)^{3^{t+1}} = x^{-3^{t+1}} = 1, x(xy)x^{-1} = (xy)^{3^t+1} \rangle$$

且 $S = \{1, x, y\} = \{1, (x^{-1})^{-1}, x^{-1}(xy)\}$. 由命题 2.3.1(4), 我们有

$$\Gamma = \operatorname{BiCay}(H, \emptyset, \emptyset, S) \cong \operatorname{BiCay}(H, \phi, \phi, S^{-1}).$$

注意到 $S^{-1} = \{1, x^{-1}, y^{-1}\} = \{1, x^{-1}, (xy)^{-1}x\}$. 容易验证映射

$$f': x^{-1} \mapsto x^{-1}, \quad xy \mapsto (xy)^{3^t-1}$$

诱导出 H 的一个自同构且满足 $\{1, x^{-1}, x(xy)\}^{f'} = S^{-1}$. 又根据命题 2.3.1(3), 我们有

$$\Gamma \cong \operatorname{BiCay}(H, \phi, \phi, S^{-1}) \cong \operatorname{BiCay}(H, \phi, \phi, \{1, x^{-1}, x(xy)\}) \cong \Sigma_t.$$

3.5 $2p^3$ 阶连通三度半对称图的分类

本节, 我们根据上一节所得到的结果, 给出 $2p^3$ 阶连通三度半对称图的分类, 这也是文献 [47] 的主要结果, 参见文献 [47] 的定理 1.1.

推论 3.5.1   设 p 是一个奇素数. 除 Gray 图之外, 每一个 $2p^3$ 阶 3 度边传递图都点传递.

证明   令 Γ 是一个 $2p^3$ 阶的连通三度边传递图. 根据文献 [36] 我们知道, 最小的半对称图具有 20 个顶点. 因此, 如果 $p = 2$, 那么 Γ 是点传递图. 如果 $p = 3$, 那么由文献 [63, 93] 可得, Γ 非点传递当且仅当 Γ 同构于 Gray 图.

下面假设 $p > 3$. 则由引理 3.1.2 可知, Γ 是 p^3 阶群 H 上的一个双凯莱图. 假如 Γ 非点传递. 则 Γ 为半对称图, 从而是二部图且 $V(\Gamma) = H_0 \cup H_1$ 构成了 Γ 的二部划分. 设 $\Gamma = \mathrm{BiCay}(H, \phi, \phi, S)$. 又由命题 2.3.1(2), 我们假设 $S = \{1, a, b\}$, 其中 $a, b \in H$.

如果 H 交换, 则存在 $\alpha \in \mathrm{Aut}(H)$ 使得对任意 $h \in H$ 都有 $h^\alpha = h^{-1}$. 于是由命题 2.3.2 知, $\delta_{\alpha,1,1}$ 是图 Γ 的一个自同构且 $H_0^{\delta_{\alpha,1,1}} = H_1$, 从而 Γ 点传递.

如果 H 非交换, 则 H 要么是亚循环群, 要么同构于下面的群:

$$J = \langle a, b, c \mid a^p = b^p = c^p = 1, c = [a, b], [a, c] = [b, c] = 1 \rangle.$$

若 H 是亚循环群, 则由定理 3.2.1 知 Γ 非点传递当且仅当 Γ 同构于 Gray 图. 若 $H \cong J$, 则存在 $\beta \in \mathrm{Aut}(J)$ 使得 $a^\beta = a^{-1}$ 且 $b^\beta = b^{-1}$. 于是由命题 2.3.2 知, $\delta_{\beta,1,1}$ 是图 Γ 的一个自同构且 $H_0^{\delta_{\beta,1,1}} = H_1$, 从而 Γ 点传递.

3.6 本 章 小 结

本章首先给出了非交换亚循环 p-群 H 上的连通三度边传递双凯莱图 $\Gamma = \mathrm{BiCay}(H, R, L, S)$ 的全自同构群的一个刻画, 其中 p 为奇素数. 特别的, 我们证明了当 $p \geqslant 11$ 时, Γ 是 H 上的正规双凯莱图; 当 $p = 3$ 时, Γ 是 H 上的正规边传递双凯莱图. 其次, 根据其正规性, 本章证明了非交换亚循环 p-群 H 上的连通三度边传递双凯莱图存在当且仅当 $p = 3$. 因此, 要完成非交换亚循环 p-群上的连通三度边传递双凯莱图的分类, 只需完成非交换亚循环 3-群上的连通三度边传递双凯莱图的分类. 最后, 本章证明了非交换亚循环 3-群 H 上的连通三度边传递双凯莱图存在当且仅当 H 是内交换群, 进而通过内交换 3-群上的连通三度边传递双凯莱图的分类, 得到非交换亚循环 p-群上的连通三度边传递双凯莱图的完全分类. 特别的, 该分类结果表明, 这样的双凯莱图有两个无限类, 其中一个无限类是对称图, 另一个无限类是半对称图, 该半对称图的无限类是目前知道的第一个阶为 $2 \cdot 3^n$ 的三度半对称图的无限类, 其中 n 为正整数.

第 4 章

内交换 p-群上的连通三度边
传递双凯莱图

令 p 为奇素数. 从上一章的分类结果中可以看到, 非交换亚循环 p-群 H 上的连通三度边传递双凯莱图存在当且仅当 H 是内交换群. 本章我们给出内交换非亚循环 p-群上的连通三度边传递双凯莱图的分类, 从而结合上一章的分类结果, 完成内交换 p-群上的连通三度边传递双凯莱图的完全分类.

根据文献 [96] 或文献 [87] 的引理 6.5.2 可得, 对任意奇素数 p, 内交换非亚循环 p-群同构于下面的群:

$$\mathcal{H}_{p,t,s} = \langle a,b,c \mid a^{p^t} = b^{p^s} = c^p = 1, [a,b] = c, [c,a] = [c,b] = 1 \rangle \quad (t \geqslant s \geqslant 1).$$
(4.1)

下面定义群 $\mathcal{H}_{p,t,s}$ 上的一类三度双凯莱图. 如果 $t = s$, 则取 $k = 0$; 如果 $t > s$, 则取 $k \in \mathbb{Z}_{p^{t-s}}^*$ 使得 $k^2 - k + 1 \equiv 0 \pmod{p^{t-s}}$. 令

$$\Sigma_{p,t,s,k} = \mathrm{BiCay}\left(\mathcal{H}_{p,t,s}, \phi, \phi, \{1, a, ba^k\}\right).$$
(4.2)

在 4.1 节中, 我们将证明对任两个满足上述条件的整数 k_1, k_2 都有 $\Sigma_{p,t,s,k_1} \cong \Sigma_{p,t,s,k_2}$. 这说明图 $\Sigma_{p,t,s,k}$ 可由参数 p, t, s 唯一确定. 因此, 我们将图 $\Sigma_{p,t,s,k}$ 记为 $\Sigma_{p,t,s}$.

4.1 图 $\Sigma_{p,t,s,k}$ 的同构

本节研究图 $\Sigma_{p,t,s,k}$ 的同构问题. 我们将证明图 $\Sigma_{p,t,s,k}$ 在同构意义下, 与 k 的选取无关. 根据图 $\Sigma_{p,t,s,k}$ 的定义, 如果 $t = s$, 则 $k = 0$, 此时对于群 $\mathcal{H}_{p,t,s}$, 图 $\Sigma_{p,t,s,k}$ 是唯一的. 因此, 本节我们只需要考虑 $t > s$ 的情况.

引理 4.1.1   假设 $t > s$ 且 $k_1 \neq k_2 \in \mathbb{Z}_{p^{t-s}}^*$ 满足 $k_1^2 - k_1 + 1 \equiv 0 \pmod{p^{t-s}}$ 及 $k_2^2 - k_2 + 1 \equiv 0 \pmod{p^{t-s}}$. 则 $\Sigma_{p,t,s,k_1} \cong \Sigma_{p,t,s,k_2}$.

证明   注意到

$$\mathcal{H}_{p,t,s} = \langle a, b, c \mid a^{p^t} = b^{p^s} = c^p = 1, [a,b] = c, [c,a] = [c,b] = 1 \rangle,$$

且

$$\Sigma_{p,t,s,k_i} = \mathrm{BiCay}\,(\mathcal{H}_{p,t,s}, \phi, \phi, T_i), \quad 其中 \ T_i = \{1, a, ba^{k_i}\}, \ i = 1, 2.$$

容易验证

$$a(ba^{k_2})^{-k_1} \cdot (ba^{k_2})^{k_1} = a \quad 且 \quad ba^{k_2} \cdot a^{-k_2} = b,$$

因此 $\mathcal{H}_{p,t,s} = \langle ba^{k_2}, a(ba^{k_2})^{-k_1} \rangle$. 由 $k_2 \in \mathbb{Z}_{p^{t-s}}^*$ 和引理 2.5.3(3) 可得, $o(a) = o(ba^{k_2})$. 根据引理 2.5.3(3) 可得, $(a(ba^{k_2})^{-k_1})^{p^s} = a^{p^s}(b^{p^s}a^{k_2 p^s})^{-k_1} = (a^{p^s})^{1-k_1 k_2}$. 因 $k_1, k_2 \in \mathbb{Z}_{p^{t-s}}^*$ 且满足 $k^2 - k + 1 \equiv 0 \pmod{p^{t-s}}$, 故 $-k_1, -k_2$ 是群 $\mathbb{Z}_{p^{t-s}}^*$ 中的两个 3 阶元. 又因为 $\mathbb{Z}_{p^{t-s}}^*$ 是循环群, 所以 $k_1 k_2 \equiv 1 \pmod{p^{t-s}}$. 因此 $(a^{p^s})^{1-k_1 k_2} = 1$, 从而 $o(a(ba^{k_2})^{-k_1}) = o(b)$. 这结合 $\mathcal{H}_{p,t,s} = \langle ba^{k_2}, a(ba^{k_2})^{-k_1} \rangle$, $o(a) = o(ba^{k_2})$ 及引理 2.5.3(4) 可推出, 存在 $\beta \in \mathrm{Aut}\,(\mathcal{H}_{p,t,s})$ 使得 $a^\beta = ba^{k_2}$, $b^\beta = a(ba^{k_2})^{-k_1}$.

进一步的, 我们有

$$T_{k_1}^\beta = \{1, a, ba^{k_1}\}^\beta = \{1, ba^{k_2}, a(ba^{k_2})^{-k_1} \cdot (ba^{k_2})^{k_1}\} = \{1, ba^{k_2}, a\} = T_{k_2}.$$

于是由命题 2.3.1(3) 可知,

$$\Sigma_{p,t,s,k_1} = \mathrm{BiCay}\,(\mathcal{H}_{p,t,s}, \phi, \phi, T_1) \cong \mathrm{BiCay}\,(\mathcal{H}_{p,t,s}, \phi, \phi, T_2) = \Sigma_{p,t,s,k_2},$$

这完成了引理的证明.

4.2 $\mathcal{H}_{p,t,s}$ 上的连通三度边传递双凯莱图的正规性

本节将决定群 $\mathcal{H}_{p,t,s}$ 上的连通三度边传递双凯莱图的正规性, 这对完成群 $\mathcal{H}_{p,t,s}$ 上的连通三度边传递双凯莱图的分类至关重要.

引理 4.2.1 令 Γ 为群 $\mathcal{H}_{p,t,s}$ 上的连通三度边传递双凯莱图. 若 $p = 3$, 则 Γ 是正规边传递双凯莱图. 若 $p > 3$, 则 Γ 是正规双凯莱图.

证明 令 $H = \mathcal{H}_{p,t,s}$ 且 $|H| = p^n$, 其中 $n = t + s + 1$. 设 $A = \mathrm{Aut}\,(\Gamma)$ 且 P 是包含 $R(H)$ 的 A 的 Sylow p-子群. 如果 $p = 3$, 则由命题 2.4.4 可知 $|A| = 3^{n+1} \cdot 2^r$, 其中 $r \geqslant 0$. 这说明 $|P| = 3|R(H)|$, 从而 $R(H) \trianglelefteq P$ 且 $|P_{1_0}| = |P_{1_1}| = 3$. 于是 P 作用在 Γ 的边集上传递. 因此 Γ 是正规边传递双凯莱图.

下面假设 $p > 3$. 下面用反证法证明 $R(H)$ 是 A 的 Sylow p-子群. 假设 $R(H)$ 不正规于 A. 则由引理 3.1.2 得 $p = 5$ 或 7. 令 N 是 A 的极大正规 p-子群. 则 $N \leqslant R(H)$. 再由引理 3.1.3 可得 $|R(H) : N| = p$. 这说明商图 Γ_N 是一个 $2p$ 阶的三度 A/N-边传递图. 于是由文献 [63,93] 可知, 当 $p = 5$ 时, Γ_N 是 Petersen 图; 当 $p = 7$ 时, Γ_N 是 Heawood 图. 因为 $R(H)$ 在 A 不正规, 所以 $R(H)/N$ 在 A/N 中也不正规. 又因为 A/N 作用在 Γ_N 的边集上传递, 我们有

$$\mathrm{A}_5 \lesssim A/N \lesssim \mathrm{S}_5, \qquad\qquad \text{若 } p = 5;$$

$$\mathrm{PSL}(2,7) \lesssim A/N \lesssim \mathrm{PGL}(2,7), \qquad\qquad \text{若 } p = 7.$$

令 B/N 为 A/N 的基柱. 则 B/N 是非交换单群且作用在 Γ_N 的边集上传递. 这推出 B 作用在 Γ 的边集上传递. 令 $C = C_B(N)$. 则由命题 2.5.1 知 $B/C \lesssim \mathrm{Aut}\,(N)$. 易知 $C/(C \cap N) \cong CN/N \trianglelefteq B/N$. 于是由 B/N 是非交换单群得到 $CN/N = 1$ 或 B/N.

首先假设 $CN/N = 1$. 则 $C \leqslant N$, 因而 $C = C \cap N = C_N(N) = Z(N)$. 于是 $B/Z(N) = B/C \lesssim \mathrm{Aut}\,(N)$. 因为 $R(H)$ 是内交换群, 所以 N 是交换群, 从而 $C = Z(N) = N$. 由 $|R(H) : N| = p$ 知 N 是 $R(H)$ 的极大子群. 根据引理 2.5.3 (5), 我们有 $N \cong \mathbb{Z}_{p^t} \times \mathbb{Z}_{p^{s-1}} \times \mathbb{Z}_p$ 或 $\mathbb{Z}_{p^{t-1}} \times \mathbb{Z}_{p^s} \times \mathbb{Z}_p$. 令 $\mho_1(N) = \{x^p \mid x \in N\}$

且 $M = (R(H))'\mho_1(N)$. 则 $\mho_1(N) \cong \mathbb{Z}_{p^{t-1}} \times \mathbb{Z}_{p^{s-2}}$ 或 $\mathbb{Z}_{p^{t-2}} \times \mathbb{Z}_{p^{s-1}}$. 此外, M 特征于 N 且 $N/M \cong \mathbb{Z}_p \times \mathbb{Z}_p$. 这说明 B 中的每一个元素 g 都诱导出商群 N/M 的一个自同构, 记为 $\sigma(g)$. 设 φ 为 B 到 $\mathrm{Aut}\,(N/M)$ 的映射且对任意 $g \in B$ 有 $\varphi(g) = \sigma(g)$. 容易验证 φ 为同态映射. 令 $\mathrm{Ker}\varphi$ 为映射 φ 的核. 由 $C = N$ 可知 $\mathrm{Ker}\varphi = N$. 于是 $B/N \lesssim \mathrm{Aut}\,(N/M) \cong \mathrm{GL}(2,p)$. 这推出当 $p = 5$ 时有 $\mathrm{A}_5 \leqslant \mathrm{GL}(2,5)$; 当 $p = 7$ 时有 $\mathrm{PSL}(2,7) \leqslant \mathrm{GL}(2,7)$. 然而通过 MAGMA[73] 计算可知, 这两种情况都不可能发生, 矛盾.

其次假设 $CN/N = B/N$. 由 $C \cap N = Z(N)$ 可得 $1 < C \cap N \leqslant Z(C)$. 显然 $Z(C)/(C \cap N) \trianglelefteq C/(C \cap N) \cong CN/N$. 又因为 $CN/N = B/N$ 是非交换单群, 故 $Z(C)/C \cap N = 1$, 因而 $C \cap N = Z(C)$. 于是有 $B/N = CN/N \cong C/C \cap N = C/Z(C)$. 假设 $C = C'$, 则 $Z(C)$ 是 B/N 的 Schur 乘子的一个子群. 然而 A_5 和 $\mathrm{PSL}(2,7)$ 的 Schur 乘子都是 $\mathbb{Z}_2$, 这与 $1 < C \cap N \leqslant Z(C)$ 矛盾. 故 $C \neq C'$. 因为 $C/Z(C)$ 是非交换单群, 我们有 $C/Z(C) = (C/Z(C))' = C'Z(C)/Z(C) \cong C'/(C' \cap Z(C))$, 从而 $C = C'Z(C)$. 这推出 $C'' = C'$. 显然 $C' \cap Z(C) \leqslant Z(C')$ 且 $Z(C')/(C' \cap Z(C)) \trianglelefteq C'/(C' \cap Z(C))$. 而由 $C'/(C' \cap Z(C)) \cong C/Z(C)$ 及 $C/Z(C)$ 是非交换单群可得 $Z(C')/(C' \cap Z(C)) = 1$, 从而 $Z(C') = C' \cap Z(C)$. 这结合 $C/(C \cap N) \cong CN/N = B/N$ 是非交换单群, 我们得到

$$C/(C \cap N) = (C/(C \cap N))' = (C/Z(C))' \cong C'/(C' \cap Z(C)) = C'/Z(C').$$

再由 $C' = C''$ 可得 $Z(C')$ 是 CN/N 的 Schur 乘子的一个子群. 然而 A_5 和 $\mathrm{PSL}(2,7)$ 的 Schur 乘子都是 $\mathbb{Z}_2$, 这推出 $Z(C') \cong \mathbb{Z}_2$. 但由 $Z(C') = C' \cap Z(C) \leqslant C \cap N$ 知 $Z(C')$ 是一个 p-群且 $p > 3$, 矛盾.

4.3 图 $\Sigma_{p,t,s}$ 的对称性

本节研究图 $\Sigma_{p,t,s}$ 的对称性, 为 4.4 节完成群 $\mathcal{H}_{p,t,s}$ 上的连通三度边传递双凯莱图的分类做准备.

引理 4.3.1 图 $\Sigma_{p,t,s}$ 是对称图.

证明 令

$$\mathcal{H}_{p,t,s} = \langle a, b, c \mid a^{p^t} = b^{p^s} = c^p = 1, [a,b] = c, [c,a] = [c,b] = 1 \rangle.$$

由 $\Sigma_{p,t,s}$ 的定义知,

$$\Sigma_{p,t,s} = \mathrm{BiCay}\left(\mathcal{H}_{p,t,s}, \phi, \phi, \{1, a, ba^k\}\right),$$

其中, 若 $t = s$, 则 $k = 0$; 若 $t > s$, 则 $k \in \mathbb{Z}_{p^{t-s}}^*$ 且满足 $k^2 - k + 1 \equiv 0 \pmod{p^{t-s}}$. 我们先证明下面的两个论断:

(a) 存在 $\alpha \in \mathrm{Aut}\left(\mathcal{H}_{p,t,s}\right)$ 使得 $a^\alpha = a^{-1}ba^k$ 且 $b^\alpha = a^{-1}(a^{-1}ba^k)^{-k}$;

(b) 存在 $\beta \in \mathrm{Aut}\left(\mathcal{H}_{p,t,s}\right)$ 使得 $a^\beta = a^{-1}$ 且 $b^\beta = a^{-k}b^{-1}a^k$.

首先证明论断 (a) 成立. 如果 $t = s$, 则 $k = 0$, 此时由引理 2.5.3(4) 可知论断 (a) 成立 1. 下面假设 $t > s$. 则有 $k^2 - k + 1 \equiv 0 \pmod{p^{t-s}}$. 令 $x = a^{-1}ba^k$ 且 $y = a^{-1}(a^{-1}ba^k)^{-k}$. 注意到 $(yx^k)^{-1} = a$ 且 $(yx^k)^{-1}x(yx^k)^k = b$. 这说明 $\langle x, y \rangle = \langle a, b \rangle = \mathcal{H}_{p,t,s}$. 根据引理 2.5.3(1), 我们有 $x = a^{-1}ba^k = ba^{k-1}c^{-1}$, 又由 $k^2 - k + 1 \equiv 0 \pmod{p^{t-s}}$ 可知 $(k-1, p) = 1$. 这结合引理 2.5.3(3) 推出 $o(x) = o(a) = p^t$. 由 $p^{t-s} \mid k^2 - k + 1$ 及引理 2.5.3(3) 可知,

$$y^{p^s} = (a^{-1}(a^{-1}ba^k)^{-k})^{p^s} = a^{-p^s}(a^{-p^s}b^{p^s}a^{kp^s})^{-k} = (a^{-p^s})^{k^2-k+1} = 1,$$

从而 $o(y) = o(b) = p^s$. 于是由引理 2.5.3(4) 可得, 存在 $\alpha \in \mathrm{Aut}\left(\mathcal{H}_{p,t,s}\right)$ 使得 $a^\alpha = a^{-1}ba^k$ 且 $b^\alpha = a^{-1}(a^{-1}ba^k)^{-k}$, 故论断 (a) 成立.

其次证明论断 (b) 成立. 令 $u = a^{-1}$ 且 $v = a^{-k}b^{-1}a^k$. 显然 $\langle u, v \rangle = \langle a, b \rangle = \mathcal{H}_{p,t,s}$, $o(u) = p^t$ 且 $o(v) = o(b) = p^s$. 于是由引理 2.5.3(4) 可知, 存在 $\beta \in \mathrm{Aut}\left(\mathcal{H}_{p,t,s}\right)$ 使得 $a^\beta = a^{-1}$ 且 $b^\beta = a^{-k}b^{-1}a^k$, 故论断 (b) 成立.

下面我们将完成引理的证明. 令 $T = \{1, a, ba^k\}$. 由论断 (a) 知, 存在 $\alpha \in \mathrm{Aut}\left(\mathcal{H}_{p,t,s}\right)$ 使得 $a^\alpha = a^{-1}ba^k$ 且 $b^\alpha = a^{-1}(a^{-1}ba^k)^{-k}$. 则有

$$a^{-1}T = a^{-1}\{1, a, ba^k\} = \{a^{-1}, 1, a^{-1}ba^k\},$$

$$T^\alpha = \{1, a, ba^k\}^\alpha = \{1, a^{-1}ba^k, a^{-1}(a^{-1}ba^k)^{-k} \cdot (a^{-1}ba^k)^k\} = \{1, a^{-1}ba^k, a^{-1}\}.$$

因此 $T^\alpha = a^{-1}T$. 于是由命题 2.3.2 可得, $\sigma_{\alpha,a}$ 是 $\Sigma_{p,t,s}$ 的一个稳定 1_0 的图自同构且循环置换 1_0 的三个邻点. 令 $B = R(\mathcal{H}_{p,t,s}) \rtimes \langle \sigma_{\alpha,a} \rangle$. 则 B 作用在 $\Sigma_{p,t,s}$ 的边集上传递.

由论断 (b) 知, 存在 $\beta \in \mathrm{Aut}\,(\mathcal{H}_{p,t,s})$ 使得 $a^\beta = a^{-1}$ and $b^\beta = a^{-k}b^{-1}a^k$. 则有

$$T^\beta = \{1, a, ba^k\}^\beta = \{1, a^{-1}, a^{-k}b^{-1}a^k \cdot a^{-k}\} = \{1, a^{-1}, a^{-k}b^{-1}\} = T^{-1}.$$

于是由命题 2.3.2 可得, $\delta_{\beta,1,1}$ 是 $\Sigma_{p,t,s}$ 的一个互变 1_0 和 1_1 的图自同构. 这说明 $\Sigma_{p,t,s}$ 点传递, 从而 $\Sigma_{p,t,s}$ 是对称图.

引理 4.3.2 设 H 为 3^3, 3^5 或 3^6 阶交换群或内交换群, 并设 $\Gamma = \mathrm{BiCay}\,(H, R, L, S)$ 为群 H 上的连通三度弧传递双凯莱图. 则 Γ 是群 H 上的正规双凯莱图.

证明 如果 $|H| = 3^3$, 那么 Γ 是 54 阶三度对称图. 于是根据文献 [93] 可知, $\Gamma \cong \mathrm{F}054$. 再由 MAGMA [73] 计算可得, $\mathrm{Aut}\,(\mathrm{F}054)$ 的所有 3^3 阶半正则子群皆正规. 故 $R(H) \unlhd \mathrm{Aut}\,(\Gamma)$, 从而 Γ 是群 H 上的正规双凯莱图.

如果 $|H| = 3^5$, 那么 Γ 是 486 阶三度对称图. 于是根据文献 [93] 可知, $\Gamma \cong$ F486A, F486B, F486C, F486D. 若 $\Gamma \cong$ F486C 或 F486D, 则由 MAGMA [73] 计算可得, $\mathrm{Aut}\,(\Gamma)$ 不包含 3^5 阶交换或内交换的半正则子群, 矛盾. 若 $\Gamma \cong$ F486A 或 F486B, 则由 MAGMA [73] 计算可得, $\mathrm{Aut}\,(\Gamma)$ 的所有 3^5 阶半正则子群皆正规. 故 $R(H) \unlhd \mathrm{Aut}\,(\Gamma)$, 从而 Γ 是群 H 上的正规双凯莱图.

如果 $|H| = 3^6$, 那么 Γ 是 1458 阶三度对称图. 于是根据文献 [97] 可知, $\Gamma \cong$ C1458.1, C1458.2, C1458.3, C1458.4, C1458.5, C1458.6, C1458.7, C1458.8, C1458.9, C1458.10 或 C1458.11. 若 $\Gamma \cong$ C1458.1, C1458.3, C1458.4, C1458.8, C1458.9, C1458.10 或 C1458.11, 则由 MAGMA [73] 计算可得, $\mathrm{Aut}\,(\Gamma)$ 不包含 3^6 阶交换或内交换的半正则子群, 矛盾. 若 $\Gamma \cong$ C1458.2, C1458.5, C1458.6 或 C1458.7, 则由 MAGMA [73] 计算可得, $\mathrm{Aut}\,(\Gamma)$ 的所有 3^6 阶半正则子群皆正规. 故 $R(H) \unlhd \mathrm{Aut}\,(\Gamma)$, 从而 Γ 是群 H 上的正规双凯莱图.

定理 4.3.1 下述之一成立:

(1) $\Sigma_{3,2,1}$ 是 3-弧正则图;

(2) 如果 $t = s$, 则 $\Sigma_{p,t,s}$ 是 2-弧正则图;

(3) 如果 $t = s + 1$ 且 $(t, s) \neq (2, 1)$, 则 $\Sigma_{3,t,s}$ 是 2-弧正则图;

(4) 如果 $p^{t-s} > 3$, 则 $\Sigma_{p,t,s}$ 是 1-弧正则图.

证明　由 MAGMA [73] 计算可得, 论断 (1) 成立. 如果 $(p,t,s) = (3,1,1)$, 则由 MAGMA [73] 计算可得, $\Sigma_{3,1,1}$ 是 2-弧正则图. 以下我们皆假设 $(p,t,s) \neq (3,2,1), (3,1,1)$.

令 $\Gamma = \Sigma_{p,t,s}$ 且 $H = \mathcal{H}_{p,t,s}$. 下面证明 Γ 是 H 上的正规双凯莱图. 若 $p > 3$, 则由引理 3.2.1 可得, Γ 是 H 上的正规双凯莱图. 以下假设 $p = 3$. 因为 $(p,t,s) \neq (3,1,1), (3,2,1)$, 所以 $|H| = 3^{t+s+1} \geqslant 3^5$. 令 $n = t+s+1$ 且 $A = \mathrm{Aut}\,(\Gamma)$. 设 P 是 A 的满足 $R(H) \leqslant P$ 的 Sylow 3-子群. 根据命题 2.4.4 可知, 存在 $r \geqslant 0$ 使得 $|A| = 3^{n+1} \cdot 2^r$. 这说明 $|P| = 3|R(H)|$, 从而 $R(H) \trianglelefteq P$. 由命题 4.3.1 可知, Γ 是对称图. 接下来先证明以下两个论断:

(a) $P \trianglelefteq A$;

(b) 存在 A 的正规子群 F 使得 $|R(H)/F| = 3^3, 3^5$ 或 3^6.

首先证明论断 (a) 成立. 设 M 是一个极大的作用在 H_0 和 H_1 上都不传递的 A 的正规子群. 则由命题 2.4.1 可得, M 作用在 $V(\Gamma)$ 上半正则且商图 Γ_M 是一个三度 A/M-弧传递图. 设 $|M| = 3^\ell$. 则 $|V(\Gamma_M)| = 2 \cdot 3^{n-\ell}$.

如果 $n - \ell \leqslant 3$, 那么根据文献 [93], 我们得到 Γ_M 同构于 F006A, F018A 或 Pappus 图 F054A, 此时由 MAGMA [73] 计算可得, $\mathrm{Aut}\,(\Gamma_M)$ 具有正规的 Sylow 3-子群, 这推出 $P/M \trianglelefteq A/M$, 从而 $P \trianglelefteq A$, 正如论断 (a) 所述.

下面假设 $n - \ell > 3$. 令 N/M 为 A/M 的一个极小正规子群. 则由引理 3.1.1 可知 N/M 是一个初等交换 3-群, 从而 N 是一个 3-群. 由 M 的极大性可知 N 作用在 H_0 和 H_1 上至少有一个传递, 从而 $3^n \mid |N|$. 若 $3^{n+1} \mid |N|$, 则有 $P = N \trianglelefteq A$, 正如论断 (a) 所述. 现假设 $|N| = 3^n$. 此时 N 作用在 H_0 和 H_1 上都传递, 故 N 作用在 H_0 和 H_1 上都半正则, 从而 Γ_M 是 N/M 上的一个三度双凯莱图. 再由 Γ_M 连通及命题 2.3.1(1),(2) 可得, N/M 可由两个元素生成, 从而 $N/M \cong \mathbb{Z}_3$ 或 $\mathbb{Z}_3 \times \mathbb{Z}_3$. 这说明 $|V(\Gamma_M)| = 6$ 或 18, 与假设 $|V(\Gamma_M)| = 2 \cdot 3^{n-\ell} > 18$ 矛盾. 故论断 (a) 成立.

由论断 (a) 可知 $P \trianglelefteq A$. 由 $|P : R(H)| = 3$ 得 $R(H)$ 是 P 的极大子群, 故 $\Phi(P) \leqslant R(H)$. 若 $\Phi(P) = R(H)$, 则结合 $|P : R(H)| = 3$ 得 $P/\Phi(P) \cong \mathbb{Z}_3$, 从而 P 是循环群, 于是 H 也是循环群, 这与 H 非交换矛盾. 因此 $\Phi(P) < R(H)$. 这说明 $\Phi(P)$ 作用在 H_0 和 H_1 上都不传递. 由于 $\Phi(P)$ 是 P 的特征子群且 $P \trianglelefteq A$,

故 $\Phi(P) \trianglelefteq A$. 于是由命题 2.4.1, 我们得到商图 $\Gamma_{\Phi(P)}$ 是一个三度 $A/\Phi(P)$-弧传递图. 进一步的, 可以得到 $P/\Phi(P)$ 作用在 $\Gamma_{\Phi(P)}$ 的边集上传递. 又因为 $P/\Phi(P)$ 是交换群, 容易得到 $\Gamma_{\Phi(P)} \cong K_{3,3}$, 从而 $P/\Phi(P) \cong \mathbb{Z}_3 \times \mathbb{Z}_3$. 令 Φ_2 是 $\Phi(P)$ 的 Frattini 子群. 由于 Φ_2 是 $\Phi(P)$ 的特征子群且 $\Phi(P) \trianglelefteq A$, 故 $\Phi_2 \trianglelefteq A$. 令 Φ_3 是 Φ_2 的 Frattini 子群. 类似的, 我们有 $\Phi_3 \trianglelefteq A$.

其次证明论断 (b). 由 $P/\Phi(P) \cong \mathbb{Z}_3 \times \mathbb{Z}_3$ 及 $|P : R(H)| = 3$ 可推出 $|R(H) : \Phi(P)| = 3$. 这说明 $\Phi(P)$ 是 $R(H)$ 的一个极大子群. 于是由引理 2.5.3(5) 可得, $\Phi(P)$ 同构于下列四个群之一:

$$M_1 = \langle a \rangle \times \langle b^3 \rangle \times \langle c \rangle, \qquad M_2 = \langle a^3 \rangle \times \langle b \rangle \times \langle c \rangle,$$

$$M_3 = \langle ab \rangle \times \langle b^3 \rangle \times \langle c \rangle, \qquad M_4 = \langle ab^{-1} \rangle \times \langle b^3 \rangle \times \langle c \rangle.$$

从而 Φ_2 同构于下列四个群之一:

$$Q_1 = \langle a^3 \rangle \times \langle b^9 \rangle, \qquad Q_2 = \langle a^9 \rangle \times \langle b^3 \rangle,$$

$$Q_3 = \langle a^3 b^3 \rangle \times \langle b^9 \rangle, \qquad Q_4 = \langle a^3 b^{-3} \rangle \times \langle b^9 \rangle,$$

注意到 $t \geqslant s \geqslant 1$ 且 $t + s + 1 \geqslant 5$.

如果 $s = 1$, 那么 $t \geqslant 3$. 在这种情况下, 我们有 $b^3 = 1$ 且

$$M_1 \cong M_3 \cong M_4 \cong \mathbb{Z}_{3^t} \times \mathbb{Z}_3, \qquad M_2 \cong \mathbb{Z}_{3^{t-1}} \times \mathbb{Z}_3 \times \mathbb{Z}_3, \qquad Q_2 \cong \mathbb{Z}_{3^{t-2}}.$$

若 $\Phi(P) \ncong M_2$, 则 $\Phi(P)/\Phi_2 \cong \mathbb{Z}_3 \times \mathbb{Z}_3$. 取 $F = \Phi_2$. 则有 $F \trianglelefteq A$ 且 $|R(H)/F| = 3^3$, 正如论断 (b) 所述. 若 $\Phi(P) \cong M_2$, 则 $\Phi_2 \cong Q_2$. 于是 $\Phi(P)/\Phi_2 \cong \mathbb{Z}_3 \times \mathbb{Z}_3 \times \mathbb{Z}_3$ 且 $\Phi_2/\Phi_3 \cong \mathbb{Z}_3$. 取 $F = \Phi_3$. 则有 $F \trianglelefteq A$ 且 $|R(H)/F| = 3^5$, 正如论断 (b) 所述.

如果 $s = 2$ 且 $t = 2$, 那么 $a^9 = 1, b^9 = 1$ 且

$$M_1 \cong M_2 \cong M_3 \cong M_4 \cong \mathbb{Z}_9 \times \mathbb{Z}_3 \times \mathbb{Z}_3, \qquad Q_1 \cong Q_2 \cong Q_3 \cong Q_4 \cong \mathbb{Z}_3.$$

于是 $\Phi(P)/\Phi_2 \cong \mathbb{Z}_3 \times \mathbb{Z}_3 \times \mathbb{Z}_3$ 且 $\Phi_2/\Phi_3 \cong \mathbb{Z}_3$. 取 $F = \Phi_3$. 则有 $F \trianglelefteq A$ 且 $|R(H)/F| = 3^5$, 正如论断 (b) 所述.

如果 $s = 2$ 且 $t \geqslant 3$, 那么 $b^9 = 1$ 且

$$M_1 \cong M_3 \cong M_4 \cong \mathbb{Z}_{3^t} \times \mathbb{Z}_3 \times \mathbb{Z}_3, \qquad M_2 \cong \mathbb{Z}_{3^{t-1}} \times \mathbb{Z}_9 \times \mathbb{Z}_3,$$

$$Q_1 \cong Q_3 \cong Q_4 \cong \mathbb{Z}_{3^{t-1}}, \qquad\qquad Q_2 \cong \mathbb{Z}_{3^{t-2}} \times \mathbb{Z}_3,$$

于是 $\Phi(P)/\Phi_2 \cong \mathbb{Z}_3 \times \mathbb{Z}_3 \times \mathbb{Z}_3$ 且 $\Phi_2/\Phi_3 \cong \mathbb{Z}_3$ or $\mathbb{Z}_3 \times \mathbb{Z}_3$. 取 $F = \Phi_3$. 则有 $F \trianglelefteq A$ 且 $|R(H)/F| = 3^5$ 或 3^6, 正如论断 (b) 所述.

如果 $t \geqslant s \geqslant 3$, 那么

$$M_1 \cong M_3 \cong M_4 \cong \mathbb{Z}_{3^t} \times \mathbb{Z}_{3^{s-1}} \times \mathbb{Z}_3, \qquad M_2 \cong \mathbb{Z}_{3^{t-1}} \times \mathbb{Z}_{3^s} \times \mathbb{Z}_3,$$

$$Q_1 \cong Q_3 \cong Q_4 \cong \mathbb{Z}_{3^{t-1}} \times \mathbb{Z}_{3^{s-2}}, \qquad Q_2 \cong \mathbb{Z}_{3^{t-2}} \times \mathbb{Z}_{3^{s-1}},$$

故 $\Phi(P)/\Phi_2 \cong \mathbb{Z}_3 \times \mathbb{Z}_3 \times \mathbb{Z}_3$ 且 $\Phi_2/\Phi_3 \cong \mathbb{Z}_3 \times \mathbb{Z}_3$. 取 $F = \Phi_3$. 则有 $F \trianglelefteq A$ 且 $|R(H)/F| = 3^6$, 正如论断 (b) 所述. 至此我们完成了论断 (b) 的证明.

根据论断 (b), 我们设 K 是 A 的正规子群且 $|R(H)/K| = 3^3, 3^5$ 或 3^6. 显然 $K < R(H)$, 故 K 作用在 H_0 和 H_1 上都不传递. 故由命题 2.4.1 可得, 商图 Γ_K 是一个三度 A/K-弧传递图. 进一步的, Γ_K 是 $R(H)/K$ 上的双凯莱图. 因为 $R(H)$ 是内交换群, 所以 $R(H)/K$ 是交换群或内交换群. 这结合引理 4.3.2 可知, $R(H)/K \trianglelefteq \mathrm{Aut}\,(\Gamma_K)$. 于是 $R(H)/K \trianglelefteq A/K$, 从而 $R(H) \trianglelefteq A$. 至此, 我们证明了 $\Sigma_{p,t,s}$ 是正规双凯莱图.

由文献 [34] 的定理 1.1 知, 图 $\Sigma_{p,t,s}$ 是 s_1-弧传递图且 $1 \leqslant s_1 \leqslant 2$. 而由引理 4.3.1 知 $s_1 \geqslant 1$.

首先假设 $t = s$. 此时 $k = 0$ 且

$$\Sigma_{p,t,t} = \mathrm{BiCay}\,(\mathcal{H}_{p,t,t}, \phi, \phi, \{1, a, b\}.$$

容易验证存在 $\gamma \in \mathrm{Aut}\,(\mathcal{H}_{p,t,t})$ 使得 $a^\gamma = b$ 且 $b^\gamma = a$. 则 $\sigma_{\gamma,1} \in \mathrm{Aut}\,(\Sigma_{p,t,t})_{1_0 1_1}$ 且 $a_1^{\sigma_{\gamma,1}} = b_1$, $b_1^{\sigma_{\gamma,1}} = a_1$. 因此 $\Sigma_{p,t,t}$ 是 2-弧正则图, 故论断 (2) 成立.

其次假设 $t = s+1$ 且 $p = 3$. 此时 $k^2 - k + 1 \equiv 0 \pmod{3}$. 又因 $k \in \mathbb{Z}_3^*$, 故 $k = 2$. 从而

$$\Sigma_{p,s+1,s} = \mathrm{BiCay}\,(\mathcal{H}_{p,s+1,s}, \phi, \phi, \{1, a, ba^2\}.$$

由引理 2.5.3(1), 我们知道 $(ba^2)^2 = b^2 a^4 c^2$, 因此 $a(ba^2)^{-2} = a^{-3} b^{-2} c^{-2}$, 从而 $o(b) = o(a(ba^2)^{-2})$. 注意到 $o(a) = o(ba^2)$. 由引理 2.5.3(4) 可得, 存在 $\gamma \in \mathrm{Aut}\,(\mathcal{H}_{p,t,t})$ 使得 $a^\gamma = ba^2$ 且 $b^\gamma = a(ba^2)^{-2}$. 进一步可验证 $ba^{2\gamma} = a$. 故

$\sigma_{\gamma,1} \in \mathrm{Aut}\,(\Sigma_{p,s+1,s})_{1_0 1_1}$ 且 $a_1^{\sigma_{\gamma,1}} = (ba^2)_1$, $(ba^2)_1^{\sigma_{\gamma,1}} = a_1$. 因此 $\Sigma_{p,s+1,s}$ 是 2-弧正则图, 故论断 (3) 成立.

最后假设 $p^{t-s} > 3$. 此时 $\Sigma_{p,t,s} = \mathrm{BiCay}\,(\mathcal{H}_{p,t,s}, \phi, \phi, \{1, a, ba^k\})$, 其中 $k \in \mathbb{Z}_{p^{t-s}}^*$ 满足 $k^2 - k + 1 \equiv 0 \pmod{p^{t-s}}$. 若 $\Sigma_{p,t,s}$ 是 2-弧正则图, 则由文献 [34] 的定理 1.1 可知, 存在 $\gamma \in \mathcal{H}_{p,t,s}$ 使得 $a^\gamma = ba^k$ 且 $ba^{k\gamma} = a$, 从而 $b^\gamma = (ba^k)^\gamma (a^{-k})^\gamma = a(ba^k)^{-k}$. 于是有 $1 = (a(ba^k)^{-k})^{p^s} = (a^{p^s})^{1-k^2}$, 故 $1 - k^2 \equiv 0 \pmod{p^{t-s}}$. 这结合 $k^2 - k + 1 \equiv 0 \pmod{p^{t-s}}$ 可推出 $k \equiv 2 \pmod{p^{t-s}}$, 从而 $p^{t-s} = 3$, 矛盾. 因此 $\Sigma_{p,t,s}$ 是 1-弧正则图, 故论断 (3) 成立.

4.4　内交换 p-群上的连通三度边传递双凯莱图的分类

本节我们将完成内交换 p-群上的连通三度边传递双凯莱图的分类, 其中 p 为奇素数.

定理 4.4.1　设 p 为奇素数, Γ 是内交换 p-群 H 上的连通三度边传递双凯莱图. 如果 H 亚循环, 则 $\Gamma \cong \Gamma_t$ 或 Σ_t (参见构造 1 和构造 2); 如果 H 非亚循环, 则 $\Gamma \cong \Sigma_{p,t,s}$. 进一步的, 下列之一成立:

(1) $\Sigma_{3,2,1}$ 是 3-弧正则图;

(2) 如果 $t = s$, 则 $\Sigma_{p,t,s}$ 是 2-弧正则图;

(3) 如果 $t = s + 1$ 且 $(t, s) \neq (2, 1)$, 则 $\Sigma_{3,t,s}$ 是 2-弧正则图;

(4) 如果 $p^{t-s} > 3$, 则 $\Sigma_{p,t,s}$ 是 1-弧正则图.

证明　首先假设 H 亚循环. 则由定理 3.4.1 可得, $\Gamma \cong \Gamma_t$ 或 Σ_t, 正如定理所述. 下面假设 H 非亚循环. 则 $H = \mathcal{H}_{p,t,s}$. 设 $\Gamma = \mathrm{BiCay}\,(H, R, L, S)$ 是群 H 上的连通三度边传递双凯莱图. 令 $A = \mathrm{Aut}\,(\Gamma)$. 由引理 3.2.1, 我们知道 Γ 是正规边传递图. 于是 H_0, H_1 均不包含图 Γ 的边, 从而 $R = L = \phi$. 根据命题 2.3.1(2), 我们可以假设 $S = \{1, x, y\}$, 其中 $x, y \in H$. 由 Γ 连通及命题 2.3.1(1), 我们有 $H = \langle S \rangle = \langle x, y \rangle$.

因为 Γ 正规边传递, 故由命题 2.3.2 知, 存在 $\sigma_{\alpha,h} \in A_{1_0}$ 使得 $\sigma_{\alpha,h}$ 循环置换 $\Gamma(1_0) = \{1_1, x_1, y_1\}$ 中的三个元素, 其中 $\alpha \in \mathrm{Aut}\,(H)$ 且 $h \in H$. 不失一般性, 我们假设 $\sigma_{\alpha,h}|_{\Gamma(1_0)} = (1_1\ x_1\ y_1)$. 则有 $x_1 = (1_1)^{\sigma_{\alpha,h}} = h_1$, $y_1 = (x_1)^{\sigma_{\alpha,h}} = (xx^\alpha)_1$

且 $1_1 = (y_1)^{\sigma_{\alpha,h}} = (xy^\alpha)_1$. 于是有 $x = h$, $x^\alpha = x^{-1}y$ 且 $y^\alpha = x^{-1}$.

这说明 α 是一个阶被 3 整除的 H 的自同构. 所以, 要么 $\alpha = 1$, 要么 $o(\alpha) = 3$. 如果 $\alpha = 1$, 那么 $x = y^{-1}$ 且 $x = x^{-1}y = y^2$, 从而 $y^3 = 1$ 且 $x^3 = 1$. 这推出 $H \cong \mathbb{Z}_3$, 与 $|H| > 3^3$ 矛盾. 因此 $o(\alpha) = 3$.

注意到

$$H = \mathcal{H}_{p,t,s} = \langle a,b,c \mid a^{p^t} = b^{p^s} = c^p = 1, [a,b] = c, [c,a] = [c,b] = 1 \rangle,$$

其中 $t \geqslant s \geqslant 1$.

因为 $x^\alpha = x^{-1}y$ 且 $y^\alpha = x^{-1}$, 所以 $o(x) = o(y) = o(x^{-1}y)$. 记 $\exp(H)$ 为群 H 的方次数. 由 $H = \langle x,y \rangle$ 及引理 2.5.3(3) 知, $o(x) = o(y) = o(x^{-1}y) = \exp(H) = p^t$. 注意到 $H = \langle a,b \rangle = \langle x,y \rangle$. 再次由引理 2.5.3(3) 可得, $\langle x^{p^s} \rangle \leqslant \langle a \rangle$ 且 $\langle y^{p^s} \rangle \leqslant \langle a \rangle$. 又因为 $o(x) = o(y) = p^t$, 我们有 $\langle x^{p^s} \rangle = \langle y^{p^s} \rangle$.

下面我们将完成定理的证明. 如果 $t = s$, 则由引理 2.5.3(4) 可知, 存在 $\tau \in \mathrm{Aut}\,(H)$ 使得 $x^\tau = a$ 且 $y^\tau = b$. 这结合命题 2.3.1(3) 可得 $\Gamma \cong \Sigma_{p,t,t}$, 正如定理所述.

以下假设 $t > s$. 因为 $\langle x^{p^s} \rangle = \langle y^{p^s} \rangle$, 所以存在 $k \in \mathbb{Z}_{p^{t-s}}^*$ 使得 $y^{p^s} = x^{kp^s}$, 从而 $(yx^{-k})^{p^s} = 1$. 于是有 $o(yx^{-k}) = p^s = o(b)$. 又因为 $o(x) = o(a) = p^t$ 且 $H = \langle x,y \rangle = \langle x, yx^{-k} \rangle$, 则根据引理 2.5.3(4) 可得, 存在 $\gamma \in \mathrm{Aut}\,(H)$ 使得 $a^\gamma = x$ 且 $b^\gamma = yx^{-k}$. 这说明

$$H = \langle x, yx^{-k}, z \mid x^{p^t} = (yx^{-k})^{p^s} = z^p = 1, [x, yx^{-k}] = z, [z,x] = [z, yx^{-k}] = 1 \rangle,$$

且 $S = \{1, x, y\} = \{1, x, (yx^{-k})x^k\}$. 显然 $S^{\gamma^{-1}} = \{1, a, ba^k\}$. 故由命题 2.3.1(3), 我们可设 $\Gamma = \mathrm{BiCay}\,(H, \phi, \phi, \{1, a, ba^k\})$.

由 Γ 是正规边传递图及命题 2.3.2 可得, 存在 $\sigma_{\theta,g} \in \mathrm{Aut}\,(\Gamma)_{1_0}$, 其中 $\theta \in \mathrm{Aut}\,(H)$ 且 $g \in H$, 使得 $\sigma_{\theta,g}$ 循环置换 $\Gamma(1_0) = \{1_1, a_1, (ba^k)_1\}$ 中的三个元素. 不失一般性, 假设 $(\sigma_{\theta,g})|_{\Gamma(1_0)} = (1_1\ a_1\ (ba^k)_1)$. 则 $a_1 = (1_1)^{\sigma_{\theta,g}} = g_1$, 故 $a = g$. 进一步的, 我们有

$$(ba^k)_1 = (a_1)^{\sigma_{\theta,g}} = (aa^\theta)_1, \quad 1_1 = (ba^k)_1^{\sigma_{\theta,g}} = (a(ba^k)^\theta)_1.$$

从而

$$a^\theta = a^{-1}ba^k = ba^{k-1}c^{-1}, \quad b^\theta = a^{-1}(a^\theta)^{-k} = a^{-1}(ba^{k-1}c^{-1})^{-k}.$$

这说明 $o(a^{-1}(ba^{k-1}c^{-1})^{-k}) = o(b) = p^s$. 根据引理 2.5.3(1),(3), 我们有 $o(a^{k-1}) = p^t$ 且 $(a^{-1}(ba^{k-1}c^{-1})^{-k})^{p^s} = a^{-(k^2-k+1)p^s} = 1$. 这推出 $k^2 - k + 1 \equiv 0 \pmod{p^{t-s}}$, 从而 $\Gamma \cong \Sigma_{p,t,s}$, 正如定理所述.

4.5 本 章 小 结

本章首先给出了内交换非亚循环 p-群 H 上的连通三度边传递双凯莱图 $\Gamma = \mathrm{BiCay}(H, R, L, S)$ 的全自同构群的一个刻画, 其中 p 为奇素数. 特别的, 我们证明了当 $p \geqslant 5$ 时, Γ 是 H 上的正规双凯莱图; 当 $p = 3$ 时, Γ 是 H 上的正规边传递双凯莱图. 其次, 根据其正规性, 本章给出了内交换非亚循环 p-群 H 上的连通三度边传递双凯莱图的分类, 并确定了这类图的 s-弧正则性, 证明了这类图在同构意义下由 H 唯一决定. 再结合上一章对非交换亚循环 p-群上的连通三度边传递双凯莱图的分类, 本章给出了内交换 p-群 H 上的连通三度边传递双凯莱图的完全分类.

第 5 章

亚循环 p-群上的连通 p 度边传递双凯莱图

令 p 为奇素数. 从上一章的分类结果中可以看到, 非交换亚循环 p-群 H 上的连通三度边传递双凯莱图存在当且仅当 $p = 3$. 本章给出亚循环 p-群上的连通 p 度边传递双凯莱图的完全分类.

5.1 p-群上的连通 p 度边传递双凯莱图的基本性质

令 p 为奇素数. 本节给出一般的 p-群上的连通 p 度边传递双凯莱图的基本性质. 这些性质在本章的证明中被反复使用.

引理 5.1.1 设 p 是奇素数, Γ 是连通 p 度边传递图. 若 Γ 是 G-边传递图, 则对任意 $v \in V(\Gamma)$, 都有 $|G_v| = pm$ 且 $(m, p) = 1$.

证明 因为 G 作用在 Γ 的边集合上传递, 所以对任意 $v \in V(\Gamma)$, 都有 $p \mid |G_v|$. 假设 $p^2 \mid |G_v|$. 令 $\Gamma(v)$ 为点 v 在图 Γ 中的邻域且 $G_v^* = \{g \in G_v \mid \forall u \in \Gamma(v), u^g = u\}$. 则 $G_v/G_v^* \lesssim S_p$, 于是 $p \mid |G_v^*|$. 这说明 G_v^* 中存在 p 阶元 α. 注意到 $\langle \alpha \rangle$ 的作用在 $V(\Gamma)$ 上的轨道长是 1 或 p. 由于 $\langle \alpha \rangle$ 不动点 v 且不动 $\Gamma(v)$ 中每一个点, 再由 Γ 的连通性可得, $\langle \alpha \rangle$ 的作用在 $V(\Gamma)$ 上的轨道长都是 1, 这说明 $\alpha = 1$, 矛盾. 因此 $p^2 \nmid |G_v|$. 这结合 $p \mid |G_v|$ 推出 $|G_v| = pm$ 且 $(m, p) = 1$.

5.2 内交换亚循环 p-群上的连通 p 度边传递双凯莱图

在这一节中, 我们总令 p 为奇素数, H 为内交换亚循环 p-群, Γ 是群 H 上的连通 p 度边传递双凯莱图. 因为 H 是 p-群, 根据引理 3.4.1(1), 我们在这一节中总做如下假设:

$\Gamma = \mathrm{BiCay}\,(H, \phi, \phi, S)$, 其中 $S = \{1, h, hh^\alpha, \ldots, hh^\alpha \cdots h^{\alpha^{p-2}}\}$, $1 \neq h \in H$ 且 $\alpha \in \mathrm{Aut}\,(H)$ 满足 $hh^\alpha h^{\alpha^2} \cdots h^{\alpha^{p-1}} = 1$ 且 $o(\alpha) = p$.

引理 5.2.1 如果 $H = \langle a, b \mid a^{p^{t+1}} = b^{p^t} = 1, b^{-1}ab = a^{p^{t}+1} \rangle (t > 0)$, 则 $p = 3$.

证明 假设 $p > 3$. 我们先定义如下四个映射. 令

$$\gamma: a \mapsto a^{1+p}, \quad b \mapsto b, \qquad \delta: a \mapsto a, \quad b \mapsto b^{1+p},$$
$$\sigma: a \mapsto a, \qquad b \mapsto ba^p, \quad \tau: a \mapsto ba, \quad b \mapsto b.$$

令 $x_1 = a^{1+p}$, $x_2 = x_3 = a$, $x_4 = ba$, $y_1 = y_4 = b$, $y_2 = b^{1+p}$, $y_3 = ba^p$. 因为 H 是内交换亚循环 p-群, 根据命题 2.5.4 及直接计算, 我们有 $o(x_{i_1}) = o(a) = p^{t+1}$, $o(y_{i_1}) = o(b) = p^t$. 直接验证可得 $x_{i_1}^{p^{t+1}} = y_{i_1}^{p^t} = 1$, $y_{i_1}^{-1} x_{i_1} y_{i_1} = x_{i_1}^{p^t+1}$, 其中 $i_1 \in \{1, 2, 3, 4\}$. 进一步的, 对任意 $i_1 \in \{1, 2, 3, 4\}$, 我们有 $\langle x_{i_1}, y_{i_1} \rangle = H$. 这说明以上定义的四个映射都分别诱导了 H 的自同构.

设 $P = \langle \sigma, \gamma, \delta, \tau \rangle$. 通过直接计算, 我们有 $o(\gamma) = p^t, o(\delta) = p^{t-1}$ 且 $o(\sigma) = o(\tau) = p^t$. 进一步的有, $\gamma\delta = \delta\gamma$, $\gamma^{-1}\sigma\gamma = \sigma^{p+1}$, $\delta^{-1}\sigma\delta = \sigma^\ell$ 且 $\ell(p+1) \equiv 1 \pmod{p^t}$. 因为 $\langle b \rangle^\gamma = \langle b \rangle$, $\langle b \rangle^\delta = \langle b \rangle$ 且 $\langle b \rangle^\sigma \neq \langle b \rangle$, 所以有

$$\langle \sigma, \gamma, \delta \rangle = \langle \sigma \rangle \rtimes (\langle \gamma \rangle \times \langle \delta \rangle) \cong \mathbb{Z}_{p^t} \rtimes (\mathbb{Z}_{p^t} \times \mathbb{Z}_{p^{t-1}}).$$

观察到 $\langle a \rangle^{\langle \sigma, \gamma, \delta \rangle} = \langle a \rangle$ 但 $\langle a \rangle^\tau \neq \langle a \rangle$. 故 $\langle \sigma, \gamma, \delta \rangle \cap \langle \tau \rangle = 1$, 从而 $|P| \geqslant p^{4t-1}$. 根据文献 [23] 的定理 2.8 得, $\mathrm{Aut}\,(H)$ 有 p^{4t-1} 阶正规 Sylow p-子群. 这推出 $P = \langle \sigma, \gamma, \delta, \tau \rangle$ 是 $\mathrm{Aut}\,(H)$ 唯一的 Sylow p-子群. 特别地, 我们有 $P = \langle \gamma \rangle \langle \delta \rangle \langle \sigma \rangle \langle \tau \rangle$.

注意到 $S = \{1, h, hh^\alpha, \ldots, hh^\alpha \cdots h^{\alpha^{p-2}}\}$. 假设 $h = b^u a^v$, 其中 $u \in \mathbb{Z}_{p^t}$ 且 $v \in \mathbb{Z}_{p^{t+1}}$. 因为 $H = \langle S \rangle$, 所以 $o(h) = \exp(H)$, 从而 $(v, p) = 1$. 故映射

$\varphi_1: a \mapsto a^v, b \mapsto b$ 诱导出 H 的自同构. 令 $\varphi = (\tau^u \varphi_1)^{-1}$. 则 $\varphi \in \text{Aut}(H)$ 且 $h^\varphi = a$. 由命题 2.3.1(3), 我们有 $\Gamma \cong \Gamma' = \text{BiCay}(H, \phi, \phi, S^\varphi)$. 令 $\beta = \varphi^{-1} \alpha \varphi$. 则 $\sigma_{\beta,a} \in \text{Aut}(\Gamma')$ 循环置换 $\Gamma'(1_0)$ 中的元素. 这说明

$$S^\varphi = \{1, a, aa^\beta, aa^\beta a^{\beta^2}, \ldots, aa^\beta a^{\beta^2} \cdots a^{\beta^{p-2}}\},$$

且 $aa^\beta a^{\beta^2} \cdots a^{\beta^{p-1}} = 1$. 显然 $o(\beta) = o(\alpha) = p$, 故 $\beta \in P$. 我们假设 $\beta = \gamma^i \delta^j \sigma^k \tau^l$, 其中 $i, k, l \in \mathbb{Z}_{p^t}$, $j \in \mathbb{Z}_{p^{t-1}}$.

根据引理 2.5.1(4)–(5) 及命题 2.5.4(1), 我们有

$$\beta: \begin{cases} a \mapsto (b^l a)^{(1+p)^i} = b^{(1+p)^i l} a^{(1+p)^i} \\ b \mapsto (b \cdot (b^l a)^{pk})^{(1+p)^j} = b^{(1+p)^j (1+pkl)} a^{(1+p)^j pk} \end{cases} \tag{5.1}$$

令 $\mho_1(H) = \{x^p \mid x \in H\}$. 则 $\mho_1(H) \leqslant Z(H)$ 且

$$\beta: \begin{cases} a \mapsto b^l a \cdot w \\ b \mapsto b \cdot w', \end{cases} \tag{5.2}$$

其中 $w, w' \in \mho_1(H)$. 因为 Γ' 连通, 由命题 2.3.1(1), 我们有 $H = \langle S^\varphi \rangle$. 再由命题 2.5.4(1) 可得 $(l, p) = 1$.

为完成本引理的证明, 我们先证明以下两个论断:

(a) $t > 1$;

(b) 对任意 $r \geqslant 2$, 都有 $a^{\beta^r} = b^{c_r p + 2l} a^{d_r p} \varpi_r$, 其中 $c_r, d_r \in \mathbb{Z}_p$ 且 $\varpi_r \in \mho_2(H)$.

首先证明论断 (a) 成立. 假设 $t = 1$. 则 $H = \langle a, b \mid a^{p^2} = b^p = 1, b^{-1} ab = a^{1+p} \rangle$. 我们先证明对任意 $r \geqslant 1$, 都有

$$a^{\beta^r} = b^{rl} a^{1 + \frac{1}{2} r(r-1)klp + irp} \tag{5.3}$$

由 (5.1) 式得

$$\beta: \begin{cases} a \mapsto b^l a^{1+ip} \\ b \mapsto ba^{kp} \end{cases}$$

故 $r = 1$ 时, (5.3) 式成立. 下面假设 $r > 1$ 且

$$a^{\beta^{r-1}} = b^{(r-1)l}a^{1+\frac{1}{2}(r-1)(r-2)klp+i(r-1)p}.$$

通过直接计算, 我们有

$$a^{\beta^r} = (b^{(r-1)l}a^{1+\frac{1}{2}(r-1)(r-2)klp+i(r-1)p})^\beta$$

$$= (ba^{kp})^{(r-1)l}(b^l a^{1+ip})^{1+\frac{1}{2}(r-1)(r-2)klp+i(r-1)p}$$

$$= b^{(r-1)l}a^{(r-1)lkp}b^l a^{1+\frac{1}{2}[(r-1)^2-(r-1)]klp+irp}$$

$$= b^{(r-1)l+l}a^{1+[\frac{1}{2}(r-1)^2-\frac{1}{2}(r-1)+(r-1)]klp+irp}$$

$$= b^{rl}a^{1+\frac{1}{2}r(r-1)klp+irp}.$$

由归纳假设, 可知 (5.3) 式成立.

接下来证明, 对任意 $r \geqslant 1$ 都有,

$$a \cdot a^\beta \cdots a^{\beta^r} = b^{\frac{1}{2}r(r+1)l}a^{(r+1)+[\frac{1}{6}r(r+1)(2r+1)l+\frac{1}{2}r(r+1)i+\frac{1}{6}(r-1)r(r+1)kl]p}. \tag{5.4}$$

由 (5.3) 式及引理 2.5.1(1),(5), 我们有

$$a \cdot a^\beta = a \cdot b^l a^{1+ip} = b^l a^{(1+p)l}a^{1+ip} = b^l a^{1+lp}a^{1+ip} = b^l a^{2+(l+i)p}.$$

故 $r = 1$ 时 (7.8) 式成立. 下面假设 $r > 1$ 且

$$a \cdot a^\beta \cdots a^{\beta^{r-1}} = b^{\frac{1}{2}(r-1)rl}a^{r+[\frac{1}{6}(r-1)r(2r-1)l+\frac{1}{2}(r-1)ri+\frac{1}{6}(r-2)(r-1)rkl]p}.$$

通过直接计算, 我们有

$$aa^\beta a^{\beta^2} \cdots a^{\beta^r}$$

$$= b^{\frac{1}{2}(r-1)rl}a^{r+[\frac{1}{6}(r-1)r(2r-1)l+\frac{1}{2}(r-1)ri+\frac{1}{6}(r-2)(r-1)rkl]p} \cdot b^{rl}a^{1+\frac{1}{2}r(r-1)klp+irp}$$

$$= b^{\frac{1}{2}r(r+1)l}a^{\{r+[\frac{1}{6}(r-1)r(2r-1)l+\frac{1}{2}(r-1)ri+\frac{1}{6}(r-2)(r-1)rkl]p\}\cdot(1+rlp)+1+\frac{1}{2}r(r-1)klp+irp}$$

$$= b^{\frac{1}{2}r(r+1)l}a^{r(1+rlp)+[\frac{1}{6}(r-1)r(2r-1)l+\frac{1}{2}(r-1)ri+\frac{1}{6}(r-2)(r-1)rkl]p+1+\frac{1}{2}r(r-1)klp+irp}$$

$$= b^{\frac{1}{2}r(r+1)l}a^{(r+1)+[\frac{1}{6}(r-1)r(2r-1)+r^2]lp+[\frac{1}{2}(r-1)r+r]ip+[\frac{1}{6}(r-2)(r-1)+\frac{1}{2}r(r-1)]rklp}$$

$$= b^{\frac{1}{2}r(r+1)l}a^{(r+1)+\left[\frac{1}{6}r(r+1)(2r+1)l+\frac{1}{2}r(r+1)i+\frac{1}{6}(r-1)r(r+1)kl\right]p}.$$

由归纳假设, 可知 (7.8) 式成立.

由于 p 是素数且 $p > 3$, 根据 (7.8) 式, 我们有

$$aa^{\beta}a^{\beta^2}\cdots a^{\beta^{p-1}} = b^{\frac{1}{2}(p-1)pl}a^{p+\left[\frac{1}{6}(p-1)p(2p-1)l+\frac{1}{2}(p-1)pi+\frac{1}{6}(p-2)(p-1)pkl\right]p} = a^p \neq 1,$$

矛盾. 至此我们已经完成了论断 (a) 的证明.

令 $\mho_2(H) = \{x^{p^2} \mid x \in H\}$. 则 $\mho_2(H) \leqslant Z(H)$. 由 (5.1) 式, 我们有

$$a^{\beta} = b^{(1+ip)l}a^{1+ip} \cdot \varpi,$$
$$b^{\beta} = b^{1+jp+pkl}a^{pk} \cdot \varpi',$$

其中 $\varpi, \varpi' \in \mho_2(H)$. 令 $m \equiv il \pmod p$, $n \equiv i \pmod p$, $f \equiv j + kl \pmod p$, 其中 $m, n, f \in \mathbb{Z}_p$. 则

$$\beta: \begin{cases} a \mapsto b^{mp+l}a^{np+1} \cdot \varpi_1 \\ b \mapsto b^{fp+1}a^{kp} \cdot \varpi_1', \end{cases} \tag{5.5}$$

其中 $\varpi_1, \varpi_1' \in \mho_2(H)$.

其次证明论断 (b) 成立. 因为 $t > 1$, 对任意正整数 i_0, 由引理 2.5.1(1),(5), 我们有

$$ab^{i_0} = b^{i_0}a^{(1+p^t)^{i_0}} = b^{i_0}a^{1+i_0p^t} = b^{i_0}a \cdot \varpi_0, \tag{5.6}$$

其中 $\varpi_0 \in \mho_2(H)$. 则由 (7.4) 式和 (7.5) 式, 我们有

$$a^{\beta^2} = (b^{fp+1}a^{kp} \cdot \varpi_1')^{mp+l}(b^{mp+l}a^{np+1} \cdot \varpi_1)^{np+1} \cdot \varpi_1^{\beta}$$

$$= b^{(2m+fl+nl)p+2l}a^{(2n+kl)p} \cdot \varpi_2,$$

其中 $\varpi_2 \in \mho_2(H)$. 取 $c_2, d_2 \in \mathbb{Z}_p$ 使得 $2m+fl+nl \equiv c_2 \pmod p$ 且 $2n+kl \equiv d_2 \pmod p$. 如果 $r = 2$, 那么论断 (b) 显然成立. 下面假设 $r > 2$ 且对任意小于 r 的正整数论断 (b) 都成立. 则

$$a^{\beta^{r-1}} = b^{c_{r-1}p+2l}a^{d_{r-1}p} \cdot \varpi_{r-1},$$

其中 $c_{r-1}, d_{r-1} \in \mathbb{Z}_p$ 且 $\varpi_{r-1} \in \mho_2(H)$, 从而

$$a^{\beta^r} = (b^{fp+1}a^{kp} \cdot \varpi_1')^{c_{r-1}p+2l}(b^{mp+l}a^{np+1} \cdot \varpi_1)^{d_{r-1}p} \cdot \varpi_{r-1}^\beta$$

$$= b^{(c_{r-1}+2fl+ld_{r-1})p+2l}a^{(2kl+d_{r-1})p} \cdot \varpi_r,$$

其中 $\varpi_r \in \mho_2(H)$. 取 $c_r, d_r \in \mathbb{Z}_p$ 使得 $c_{r-1} + 2fl + ld_{r-1} \equiv c_r \pmod{p}$ 且 $2kl + d_{r-1} \equiv d_r \pmod{p}$. 由归纳假设可知, 论断 (b) 成立.

根据论断 (b), 我们有

$$a^{\beta^p} = b^{c_p p+2l}a^{d_p p} \cdot \varpi_p = a,$$

其中 $c_p, d_p \in \mathbb{Z}_p$ 且 $\varpi_p \in \mho_2(H)$. 这说明 $c_p p + 2l \equiv 0 \pmod{p^2}$, 矛盾. 至此我们完成了本引理的证明.

引理 5.2.2 如果 $H = \langle a, b \mid a^{p^{t+1}} = b^{p^{t+1}} = 1, b^{-1}ab = a^{p^{t}+1} \rangle (t > 0)$, 则 $p = 3$.

证明 假设 $p > 3$. 我们先定义如下四个映射. 令

$$\gamma: a \mapsto a^{1+p}, \quad b \mapsto b, \quad \delta: a \mapsto a, \quad b \mapsto b^{1+p},$$

$$\sigma: a \mapsto b^p a, \quad b \mapsto b, \quad \tau: a \mapsto a, \quad b \mapsto ba.$$

令 $x_1 = a^{1+p}$, $x_2 = x_4 = a$, $x_3 = b^p a$, $y_1 = y_3 = b$, $y_2 = b^{1+p}$, $y_4 = ba$. 因为 H 是内交换亚循环 p-群, 根据命题 2.5.4 及直接计算, 我们有 $o(x_{i_1}) = o(a) = p^{t+1}$, $o(y_{i_1}) = o(b) = p^t$. 直接验证可得 $x_{i_1}{}^{p^{t+1}} = y_{i_1}{}^{p^{t+1}} = 1$, $y_{i_1}{}^{-1}x_{i_1}y_{i_1} = x_{i_1}{}^{p^t+1}$, 其中 $i_1 \in \{1, 2, 3, 4\}$. 进一步的, 对任意 $i_1 \in \{1, 2, 3, 4\}$, 我们有 $\langle x_{i_1}, y_{i_1} \rangle = H$. 这说明以上定义的四个映射都分别诱导了 H 的自同构.

设 $P = \langle \sigma, \gamma, \delta, \tau \rangle$. 通过直接计算, 我们有 $o(\gamma) = o(\delta) = o(\sigma) = p^t$ 且 $o(\tau) = p^{t+1}$. 进一步的有, $\gamma\delta = \delta\gamma$, $\delta^{-1}\sigma\delta = \sigma^{p+1}$, $\gamma^{-1}\sigma\gamma = \sigma^\ell$ 且 $\ell(p+1) \equiv 1 \pmod{p^{t+1}}$. 因为 $\langle a \rangle^\gamma = \langle a \rangle$, $\langle a \rangle^\delta = \langle a \rangle$ 且 $\langle a \rangle^\sigma \neq \langle a \rangle$, 所以有

$$\langle \sigma, \gamma, \delta \rangle = \langle \sigma \rangle \rtimes (\langle \gamma \rangle \times \langle \delta \rangle) \cong \mathbb{Z}_{p^t} \rtimes (\mathbb{Z}_{p^t} \times \mathbb{Z}_{p^t}).$$

观察到 $\langle b \rangle^{\langle \sigma, \gamma, \delta \rangle} = \langle b \rangle$ 但 $\langle b \rangle^\tau \neq \langle b \rangle$. 故 $\langle \sigma, \gamma, \delta \rangle \cap \langle \tau \rangle = 1$, 从而 $|P| \geqslant p^{4t+1}$. 根据文献 [23] 的定理 2.8 得, $\mathrm{Aut}(H)$ 有 p^{4t+1} 阶正规 Sylow p-子群. 这推出 $P = \langle \sigma, \gamma, \delta, \tau \rangle$ 是 $\mathrm{Aut}(H)$ 唯一的 Sylow p-子群. 特别地, 我们有 $P = \langle \gamma \rangle \langle \delta \rangle \langle \sigma \rangle \langle \tau \rangle$.

注意到 $S = \{1, h, hh^\alpha, \ldots, hh^\alpha \cdots h^{\alpha^{p-2}}\}$ 且 $o(\alpha) = p$. 假设 $h = b^u a^v$, 其中 $u \in \mathbb{Z}_{p^{t+1}}$ 且 $v \in \mathbb{Z}_{p^{t+1}}$. 因为 $H = \langle S \rangle$, 所以 $o(h) = \exp(H)$, 从而 $(u, p) = 1$. 于是存在 $u' \in \mathbb{Z}_{p^{t+1}}^*$ 使得 $u \equiv u'v \pmod{p^{t+1}}$. 令 $\varphi = \sigma^{u'}(\delta^u)^{-1}(\tau^v)^{-1}$. 则 $\varphi \in \mathrm{Aut}\,(H)$ 且 $h^\varphi = b$. 由命题 2.3.1(3), 我们有 $\Gamma \cong \Gamma' = \mathrm{BiCay}\,(H, \phi, \phi, S^\varphi)$. 令 $\beta = \varphi^{-1}\alpha\varphi$. 则 $\sigma_{\beta, b} \in \mathrm{Aut}\,(\Gamma')$ 循环置换 $\Gamma'(1_0)$ 中的元素. 这说明

$$S^\varphi = \{1, b, bb^\beta, bb^\beta b^{\beta^2}, \ldots, bb^\beta b^{\beta^2} \cdots b^{\beta^{p-2}}\}.$$

且 $bb^\beta b^{\beta^2} \cdots b^{\beta^{p-1}} = 1$. 显然 $o(\beta) = o(\alpha) = p$, 故 $\beta \in P$. 我们假设 $\beta = \gamma^i \delta^j \sigma^k \tau^l$, 其中 $i, j, k \in \mathbb{Z}_{p^t}, l \in \mathbb{Z}_{p^{t+1}}$. 根据命题 2.5.4(1) 及引理 2.5.1(4)–(5), 我们有

$$\beta: \begin{cases} a \mapsto (ba^l)^{(1+p)^i kp} a^{(1+p)^i} = b^{(1+p)^i kp} a^{(1+p)^i (1+klp)} \\ b \mapsto (ba^l)^{(1+p)^j} = b^{(1+p)^j} a^{(1+p)^j l}, \end{cases} \tag{5.7}$$

从而

$$\beta: \begin{cases} a \mapsto a \cdot w \\ b \mapsto ba^l \cdot w', \end{cases} \tag{5.8}$$

其中 $w, w' \in \mho_1(H)$. 因为 Γ' 连通, 由命题 2.3.1(1), 我们有 $H = \langle S^\varphi \rangle$. 再由命题 2.5.4(1) 可得 $(l, p) = 1$.

为完成本引理的证明, 我们先证明以下两个论断:

(a) $t > 1$;

(b) 对任意 $r \geqslant 1$, 都有 $b^{\beta^r} = b^{rnp + \frac{r(r-1)}{2} klp + 1} a^{rmp + \frac{r(r-1)}{2}(n+f)lp + \frac{r(r-1)(r-2)}{6} kl^2 p + rl} \cdot \varpi_r$, 其中 $\varpi_r \in \mho_2(H)$.

首先证明论断 (a) 成立. 假设 $t = 1$. 则 $H = \langle a, b \mid a^{p^2} = b^{p^2} = 1, b^{-1}ab = a^{1+p} \rangle$. 我们先证明对任意 $r \geqslant 1$, 都有

$$b^{\beta^r} = b^{1+(rj+\frac{1}{2}r(r-1)kl)p} a^{rl + \frac{1}{2}r(r+1)jlp + \frac{1}{2}r(r-1)(i+kl)lp + \frac{1}{6}r(r-1)(r-2)kl^2 p} \tag{5.9}$$

由 (7.2) 式得

$$\beta: \begin{cases} a \mapsto b^{kp} a^{1+(i+kl)p} \\ b \mapsto b^{1+jp} a^{l+jlp}. \end{cases}$$

故 $r = 1$ 时, (7.6) 式成立. 下面假设 $r > 1$ 且

$$b^{\beta^{r-1}} = b^{1+\left((r-1)j+\frac{1}{2}(r-1)(r-2)kl\right)p}$$

$$\cdot a^{(r-1)l+\frac{1}{2}(r-1)rjlp+\frac{1}{2}(r-1)(r-2)(i+kl)lp+\frac{1}{6}(r-1)(r-2)(r-3)kl^2p}.$$

通过直接计算, 我们有

$$b^{\beta^r} = (b^{1+jp}a^{l+jlp})^{1+\left((r-1)j+\frac{1}{2}(r-1)(r-2)kl\right)p}$$

$$\cdot (b^{kp}a^{1+(i+kl)p})^{(r-1)l+\frac{1}{2}(r-1)rjlp+\frac{1}{2}(r-1)(r-2)(i+kl)lp+\frac{1}{6}(r-1)(r-2)(r-3)kl^2p}$$

$$= b^{1+\left(rj+\frac{1}{2}(r-1)(r-2)kl+(r-1)kl\right)p} \cdot a^{l+jlp+[(r-1)lj+\frac{1}{2}(r-1)(r-2)kl^2]p}$$

$$\cdot a^{(r-1)l(1+(i+kl)p)+\frac{1}{2}(r-1)rjlp+\frac{1}{2}(r-1)(r-2)(i+kl)lp+\frac{1}{6}(r-1)(r-2)(r-3)kl^2p}$$

$$= b^{1+rjp+[\frac{1}{2}(r-1)(r-2)+(r-1)]klp}$$

$$\cdot a^{[l+(r-1)l]+[1+(r-1)+\frac{1}{2}(r-1)r]jlp+\frac{1}{2}r(r-1)(i+kl)lp+[\frac{1}{2}+\frac{1}{6}(r-3)](r-1)(r-2)kl^2p}$$

$$= b^{1+(rj+\frac{1}{2}r(r-1)kl)p}a^{rl+\frac{1}{2}r(r+1)jlp+\frac{1}{2}r(r-1)(i+kl)lp+\frac{1}{6}r(r-1)(r-2)kl^2p}.$$

由归纳假设, 可知 (7.6) 式成立. 于是由 (7.6) 式, 我们有

$$b^{\beta^p} = b^{1+(pj+\frac{1}{2}p(p-1)kl)p}a^{pl+\frac{1}{2}p(p+1)jlp+\frac{1}{2}p(p-1)(i+kl)lp+\frac{1}{6}p(p-1)(p-2)kl^2p} = ba^{pl} \neq b,$$

矛盾. 至此我们已经完成了论断 (a) 的证明.

令 $\mho_2(H) = \{x^{p^2} \mid x \in H\}$. 则 $\mho_2(H) \leqslant Z(H)$. 由 (7.2) 式, 我们有

$$a^\beta = b^{kp}a^{(i+kl)p+1} \cdot \varpi'$$
$$b^\beta = b^{jp+1}a^{jlp+l} \cdot \varpi$$

其中 $\varpi, \varpi' \in \mho_2(H)$. 令 $f \equiv i + kl \pmod{p}$, $n \equiv j \pmod{p}$, $m \equiv jl \pmod{p}$, 其中 $m, n, f \in \mathbb{Z}_p$. 则

$$\beta: \begin{cases} a \mapsto b^{kp}a^{fp+1} \cdot \varpi_1' \\ b \mapsto b^{np+1}a^{mp+l} \cdot \varpi_1 \end{cases} \tag{5.10}$$

其中 $\varpi_1, \varpi_1' \in \mho_2(H)$.

其次证明论断 (b) 成立. 如果 $r = 1$, 则由 (7.3) 式可得, 论断 (b) 显然成立. 现在假设 $r > 1$ 且论断 (b) 对任意小于 r 的都成立. 则

$$b^{\beta^{r-1}} = b^{(r-1)np + \frac{(r-1)(r-2)}{2}klp+1}$$

$$\cdot a^{(r-1)mp + \frac{(r-1)(r-2)}{2}(n+f)lp + \frac{(r-1)(r-2)(r-3)}{6}kl^2p + (r-1)l} \cdot \varpi_{r-1},$$

其中 $\varpi_{r-1} \in \mho_2(H)$. 因为 $t > 1$, 所以对任意正整数 i_0, 由引理 2.5.1(1),(5), 我们有

$$ab^{i_0} = b^{i_0}a^{(1+p^t)^{i_0}} = b^{i_0}a^{1+i_0p^t} = b^{i_0}a \cdot \varpi_0, \tag{5.11}$$

其中 $\varpi_0 \in \mho_2(H)$. 则由 (7.3) 式和 (5.11) 式, 我们有

$$b^{\beta^r} = \left(b^{np+1}a^{mp+l} \cdot \varpi_1\right)^{(r-1)np + \frac{(r-1)(r-2)}{2}klp+1}$$

$$\cdot \left(b^{kp}a^{fp+1} \cdot \varpi_1'\right)^{(r-1)mp + \frac{(r-1)(r-2)}{2}(n+f)lp + \frac{(r-1)(r-2)(r-3)}{6}kl^2p + (r-1)l} \cdot \varpi_{r-1}^{\beta}$$

$$= b^{(r-1)np + \frac{(r-1)(r-2)}{2}klp + np + 1 + k(r-1)lp} \cdot \varpi_r \cdot a^{(r-1)nlp + \frac{(r-1)(r-2)}{2}kl^2p}$$

$$\cdot a^{mp+l+(r-1)mp + \frac{(r-1)(r-2)}{2}(n+f)lp + \frac{(r-1)(r-2)(r-3)}{6}kl^2p + (r-1)l + (r-1)flp}$$

$$= b^{rnp + \frac{r(r-1)}{2}klp+1} \cdot a^{rmp + \frac{r(r-1)}{2}(n+f)lp + \frac{r(r-1)(r-2)}{6}kl^2p + rl} \cdot \varpi_r.$$

其中 $\varpi_r \in \mho_2(H)$. 由归纳假设可知, 论断 (b) 成立.

根据论断 (b) 及 $o(\beta) = p$, 我们有

$$b^{\beta^p} = b^{np^2 + \frac{(p-1)}{2}klp^2+1} \cdot a^{mp^2 + \frac{(p-1)}{2}(n+f)lp^2 + \frac{(p-1)(p-2)}{6}kl^2p^2 + pl} \cdot \varpi_p = b$$

其中 $\varpi_p \in \mho_2(H)$. 这说明 $pl \equiv 0 \pmod{p^2}$, 矛盾. 至此我们完成了本引理的证明.

引理 5.2.3　令 p 为奇素数, H 为内交换亚循环 p-群, Γ 是群 H 上的连通 p 度边传递双凯莱图. 则 $p = 3$ 且 $\Gamma \cong \Gamma_t$ 或 Σ_t.

证明　假设 $p > 3$. 因 H 是内交换亚循环 p-群, 由文献 [96] 或文献 [87] 的引理 65.2, 我们假设

$$H = \langle a, b \mid a^{p^{t+1}} = b^{p^s} = 1, b^{-1}ab = a^{p^t+1} \rangle,$$

其中 $t \geqslant 1, s \geqslant 1$. 注意到 $H/H' = \langle aH' \rangle \times \langle bH' \rangle \cong \mathbb{Z}_{p^t} \times \mathbb{Z}_{p^s}$. 由引理 3.4.1, 我们有 $H/H' = \langle aH' \rangle \times \langle bH' \rangle \cong \mathbb{Z}_{p^t} \times \mathbb{Z}_{p^t}$, $\mathbb{Z}_{p^t} \times \mathbb{Z}_{p^{t+1}}$ 或 $\mathbb{Z}_{p^t} \times \mathbb{Z}_{p^{t-1}}$.

如果 $H/H' = \langle aH' \rangle \times \langle bH' \rangle \cong \mathbb{Z}_{p^t} \times \mathbb{Z}_{p^{t-1}}$, 则 $s = t - 1$ 且

$$H = \langle a, b \mid a^{p^{t+1}} = b^{p^{t-1}} = 1, b^{-1}ab = a^{p^t+1} \rangle.$$

令 $T = \langle R(x) \mid x \in H, x^{p^{t-1}} = 1 \rangle$. 则 T 是 $R(H)$ 的特征子群且 $R(H)/T$ 同构于 $\mathbb{Z}_{p^2}$. 然而, 根据引理 3.4.1 的证明, 这不可能发生.

如果 $H/H' = \langle aH' \rangle \times \langle bH' \rangle \cong \mathbb{Z}_{p^t} \times \mathbb{Z}_{p^t}$, 则 $s = t$ 且

$$H = \langle a, b \mid a^{p^{t+1}} = b^{p^t} = 1, b^{-1}ab = a^{p^t+1} \rangle,$$

其中 $t \geqslant 1$. 然而, 根据引理 5.2.1, 这不可能发生.

如果 $H/H' = \langle aH' \rangle \times \langle bH' \rangle \cong \mathbb{Z}_{p^t} \times \mathbb{Z}_{p^{t+1}}$, 则 $s = t + 1$ 且

$$H = \langle a, b \mid a^{p^{t+1}} = b^{p^{t+1}} = 1, b^{-1}ab = a^{p^t+1} \rangle,$$

其中 $t \geqslant 1$. 然而, 根据引理 5.2.2, 这不可能发生.

5.3 亚循环 p-群上的连通 p 度边传递双凯莱图

本节给出亚循环 p-群上的连通 p 度边传递双凯莱图的完全分类, 其中 p 为奇素数.

引理 5.3.1 令 p 是奇素数, Γ 是亚循环 p-群 H 上的连通 p 度边传递双凯莱图. 则 H 要么是交换群, 要么是内交换群.

证明 因 H 是亚循环 p-群, 根据命题 2.5.4 有:

$$H = \langle a, b \mid a^{p^{r+s+u}} = 1, b^{p^{r+s+t}} = a^{p^{r+s}}, a^b = a^{1+p^r} \rangle,$$

其中 r, s, t, u 是非负整数且满足 $u \leqslant r, r \geqslant 1$.

令 $\Gamma = \mathrm{BiCay}(H, R, L, S)$ 是 H 上的连通 p 度边传递双凯莱图且 $A = \mathrm{Aut}(\Gamma)$. 令 P 是 A 的包含 $R(H)$ 的一个 Sylow p-子群. 由引理 3.4.1(1) 的证明, 我们知道 P 作用在 Γ 的边集上传递. 因为 $H' = \langle a^{p^r} \rangle \cong \mathbb{Z}_{p^{s+u}}$, 所以

$$H/H' = \langle \overline{a}, \overline{b} \mid \overline{a}^{p^r} = \overline{b}^{p^{r+s+t}} = 1, \overline{a}^{\overline{b}} = \overline{a} \rangle \cong \mathbb{Z}_{p^r} \times \mathbb{Z}_{p^{r+s+t}},$$

其中 $\bar{a} = aH'$ 且 $\bar{b} = bH'$. 根据引理 3.4.1(2), 我们有 $s + t = 0$ 或 1, 于是 $(s, t) = (0, 0), (1, 0)$ 或 $(0, 1)$.

令 $n = 2r + 2s + u + t$. 我们对 n 用归纳法, 证明 H 是交换群或内交换群. 如果 $n = 1$ 或 2, 则显然 H 是交换群. 下面假设 $n \geqslant 3$. 令 N 是 P 的极小正规子群且 $N \leqslant R(H)$. 因为 H 亚循环, 所以 $N \cong \mathbb{Z}_p$ 或 $\mathbb{Z}_p \times \mathbb{Z}_p$. 假设 $N \cong \mathbb{Z}_p \times \mathbb{Z}_p$. 注意到 $R(H)' \cong \mathbb{Z}_{p^{s+u}}$. 令 Q 为 $R(H)'$ 的 p 阶子群. 由 Q 特征于 $R(H)'$, $R(H)'$ 特征于 $R(H)$, 且 $R(H) \trianglelefteq P$ 知 $Q \trianglelefteq P$. 根据引理 2.5.1(6) 可得, $R(H)$ 的每一个 p 阶子群都包含在 N 中. 于是有 $Q < N$, 与 N 的极小性矛盾. 故 $N \cong \mathbb{Z}_p$. 接下来考虑商图 Γ_N. 显然 N 作用在 H_0 和 H_1 上都不传递. 于是, 由命题 2.4.1 和命题 2.4.2 可得, N 作用在 Γ_N 上半正则且 Γ_N 是 p 度 P/N 正规边传递图. 显然, Γ_N 是 $R(H)/N$ 上的阶为 $2 \cdot p^{n_1}$ 的双凯莱图且 $n_1 < n$. 由归纳假设得, $R(H)/N$ 要么交换, 要么内交换. 如果 $R(H)/N$ 交换, 那么 $R(H)' \leqslant N \cong \mathbb{Z}_p$. 这推出 $R(H)' = 1$ 或 $R(H)' \cong \mathbb{Z}_p$, 于是 $H \cong R(H)$ 是交换群或内交换群, 正如引理所述.

以下我们假设 $R(H)/N$ 内交换, 且对任意 $h \in H$, 我们记 hN 为 $\bar{h}$. 根据引理 5.2.1 可得 $p = 3$. 再由引理 3.4.2 可知 H 要么是交换群, 要么是内交换群.

定理 5.3.1 令 p 是奇素数, Γ 是非交换亚循环 p-群 H 上的连通 p 度边传递双凯莱图. 则 H 是内交换群且 $\Gamma \cong \Gamma_t$ 或 Σ_t (参见第 3 章构造 1 和构造 2).

证明 由 H 非交换及引理 5.3.1 可得 H 是内交换群. 这结合定理 5.2.3 可知 $\Gamma \cong \Gamma_t$ 或 Σ_t.

5.4 本章小结

令 p 是一个奇素数. 本章通过分析得到了一般 p-群上的连通 p 度边传递双凯莱图的一些基本性质. 利用这些性质, 本章证明了非交换亚循环 p-群 H 上的连通 p 度边传递双凯莱图存在当且仅当 H 是内交换群. 进一步的, 通过分析内交换 p-群的自同构, 我们证明了内交换亚循环 p-群上的连通 p 度边传递双凯莱图存在当且仅当 $p = 3$. 这说明非交换亚循环 p-群上的连通 p 度边传递双凯莱图, 即为内交换亚循环 3-群上的连通 3 度边传递双凯莱图. 再结合第 3 章的分类结果, 本章给出了非交换亚循环 p-群 H 上的连通 p 度边传递双凯莱图的完全分类.

第 6 章

亚循环 p-群上的连通六度半对称双凯莱图

令 p 为奇素数. 本书上一章对 p-群上的连通 p 度边传递双凯莱图进行了分类. 有趣的是, 分类结果中的边传递双凯莱图都是三度图. 特别的, 分类结果中的半对称双凯莱图都是三度图. 而目前所知道的度数大于 5 的半对称图的无限类很少. 因此, 自然地, 我们提出以下问题: 能否通过亚循环 p-群上的连通双凯莱图构造度数大于 5 的半对称图的无限类. 本章我们通过亚循环 p-群上的连通六度双凯莱图构造了三个半对称图的无限类.

6.1 六度半对称图的无限类一

本节我们通过亚循环 3-群上的双凯莱图构造第一个六度半对称图的无限类.

构造 1 令 $t \geqslant 1$ 且

$$\mathcal{G}_t = \langle a, b \mid a^{3^{t+1}} = b^{3^t} = 1, b^{-1}ab = a^{1+3^t} \rangle.$$

令 $R_t = \{1, b, a^{\frac{3^t+3}{2}} b^{\frac{3^t+1}{2}}, a, a^{\frac{5 \cdot 3^t-1}{2}} b^{\frac{3^t+1}{2}}, ab\}$ 且 $\Gamma_t = \mathrm{BiCay}(\mathcal{G}_t, \phi, \phi, R_t)$.

引理 6.1.1 对任意 $t \geqslant 1$, 图 Γ_t 中以点 $u = 1_0$ 为起始点的 2-弧 (u, v, w) 为以下 2-弧之一:

(1) $(1_0, 1_1, (b^{-1})_0)$,

(2) $\left(1_0, 1_1, \left(a^{\frac{5 \cdot 3^t-3}{2}} b^{\frac{3^t-1}{2}}\right)_0\right)$,

(3) $(1_0, 1_1, (a^{-1})_0)$,

(4) $\left(1_0, 1_1, \left(a^{\frac{3^{t+1}+1}{2}}b^{\frac{3^t-1}{2}}\right)_0\right)$,

(5) $\left(1_0, 1_1, \left(a^{2\cdot3^t-1}b^{3^t-1}\right)_0\right)$,

(6) $(1_0, b_1, b_0)$,

(7) $\left(1_0, b_1, \left(a^{\frac{5\cdot3^t-3}{2}}b^{\frac{3^t+1}{2}}\right)_0\right)$,

(8) $(1_0, b_1, (a^{-1}b)_0)$,

(9) $\left(1_0, b_1, \left(a^{\frac{3^{t+1}+1}{2}}b^{\frac{3^t+1}{2}}\right)_0\right)$,

(10) $\left(1_0, b_1, (a^{2\cdot3^t-1})_0\right)$,

(11) $\left(1_0, \left(a^{\frac{3^t+3}{2}}b^{\frac{3^t+1}{2}}\right)_1, \left(a^{\frac{3^t+3}{2}}b^{\frac{3^t+1}{2}}\right)_0\right)$,

(12) $\left(1_0, \left(a^{\frac{3^t+3}{2}}b^{\frac{3^t+1}{2}}\right)_1, \left(a^{\frac{3^t+3}{2}}b^{\frac{3^t-1}{2}}\right)_0\right)$,

(13) $\left(1_0, \left(a^{\frac{3^t+3}{2}}b^{\frac{3^t+1}{2}}\right)_1, \left(a^{\frac{3^t+1}{2}}b^{\frac{3^t+1}{2}}\right)_0\right)$,

(14) $\left(1_0, \left(a^{\frac{3^t+3}{2}}b^{\frac{3^t+1}{2}}\right)_1, (a^{2\cdot3^t-2})_0\right)$,

(15) $\left(1_0, \left(a^{\frac{3^t+3}{2}}b^{\frac{3^t+1}{2}}\right)_1, \left(a^{\frac{5\cdot3^t+1}{2}}b^{\frac{3^t-1}{2}}\right)_0\right)$,

(16) $(1_0, a_1, a_0)$,

(17) $\left(1_0, a_1, \left(a^{3^t+1}b^{3^t-1}\right)_0\right)$,

(18) $\left(1_0, a_1, \left(a^{\frac{3^{t+1}-1}{2}}b^{\frac{3^t-1}{2}}\right)_0\right)$,

(19) $\left(1_0, a_1, \left(a^{\frac{3^t+3}{2}}b^{\frac{3^t-1}{2}}\right)_0\right)$,

(20) $(1_0, a_1, (b^{-1})_0)$,

(21) $\left(1_0, \left(a^{\frac{5\cdot3^t-1}{2}}b^{\frac{3^t+1}{2}}\right)_1, \left(a^{\frac{5\cdot3^t-1}{2}}b^{\frac{3^t+1}{2}}\right)_0\right)$,

(22) $\left(1_0, \left(a^{\frac{5\cdot3^t-1}{2}}b^{\frac{3^t+1}{2}}\right)_1, \left(a^{\frac{3^t-1}{2}}b^{\frac{3^t-1}{2}}\right)_0\right)$,

(23) $\left(1_0, \left(a^{\frac{5\cdot3^t-1}{2}}b^{\frac{3^t+1}{2}}\right)_1, (a^{3^t-2})_0\right)$,

(24) $\left(1_0, \left(a^{\frac{5\cdot3^t-1}{2}}b^{\frac{3^t+1}{2}}\right)_1, \left(a^{\frac{5\cdot3^t-3}{2}}b^{\frac{3^t+1}{2}}\right)_0\right)$,

(25) $\left(1_0, \left(a^{\frac{5\cdot3^t-1}{2}}b^{\frac{3^t+1}{2}}\right)_1, \left(a^{\frac{5\cdot3^t-3}{2}}b^{\frac{3^t-1}{2}}\right)_0\right)$,

(26) $(1_0, (ab)_1, (ab)_0)$,

(27) $\left(1_0, (ab)_1, (a^{3^t+1})_0\right)$,

(28) $\left(1_0,\ (ab)_1,\ \left(a^{\frac{3^{t+1}-1}{2}}b^{\frac{3^{t}+1}{2}}\right)_0\right)$,

(29) $(1_0,\ (ab)_1,\ b_0)$,

(30) $\left(1_0,\ (ab)_1,\ \left(a^{\frac{3^{t}+3}{2}}b^{\frac{3^{t}+1}{2}}\right)_0\right)$.

图 Γ_t 中以点 $u=1_1$ 为起始点的 2-弧 (u,v,w) 为以下 2-弧之一:

(1) $(1_1,\ 1_0,\ b_1)$,

(2) $\left(1_1,\ 1_0,\ \left(a^{\frac{3^{t}+3}{2}}b^{\frac{3^{t}+1}{2}}\right)_1\right)$,

(3) $(1_1,\ 1_0,\ a_1)$,

(4) $\left(1_1,\ 1_0,\ \left(a^{\frac{5\cdot3^{t}-1}{2}}b^{\frac{3^{t}+1}{2}}\right)_1\right)$,

(5) $(1_1,\ 1_0,\ (ab)_1)$,

(6) $(1_1,\ (b^{-1})_0,\ (b^{-1})_1)$,

(7) $\left(1_1,\ (b^{-1})_0,\ \left(a^{\frac{3^{t}+3}{2}}b^{\frac{3^{t}-1}{2}}\right)_1\right)$,

(8) $(1_1,\ (b^{-1})_0,\ (ab^{-1})_1)$,

(9) $\left(1_1,\ (b^{-1})_0,\ \left(a^{\frac{5\cdot3^{t}-1}{2}}b^{\frac{3^{t}-1}{2}}\right)_1\right)$,

(10) $(1_1,\ (b^{-1})_0,\ a_1)$,

(11) $\left(1_1,\ \left(a^{\frac{5\cdot3^{t}-3}{2}}b^{\frac{3^{t}-1}{2}}\right)_0,\ \left(a^{\frac{5\cdot3^{t}-3}{2}}b^{\frac{3^{t}-1}{2}}\right)_1\right)$,

(12) $\left(1_1,\ \left(a^{\frac{5\cdot3^{t}-3}{2}}b^{\frac{3^{t}-1}{2}}\right)_0,\ \left(a^{\frac{5\cdot3^{t}-3}{2}}b^{\frac{3^{t}+1}{2}}\right)_1\right)$,

(13) $\left(1_1,\ \left(a^{\frac{5\cdot3^{t}-3}{2}}b^{\frac{3^{t}-1}{2}}\right)_0,\ \left(a^{\frac{5\cdot3^{t}-1}{2}}b^{\frac{3^{t}-1}{2}}\right)_1\right)$,

(14) $\left(1_1,\ \left(a^{\frac{5\cdot3^{t}-3}{2}}b^{\frac{3^{t}-1}{2}}\right)_0,\ (a^{2\cdot3^{t}+2})_1\right)$,

(15) $\left(1_1,\ \left(a^{\frac{5\cdot3^{t}-3}{2}}b^{\frac{3^{t}-1}{2}}\right)_0,\ \left(a^{\frac{5\cdot3^{t}-1}{2}}b^{\frac{3^{t}+1}{2}}\right)_1\right)$,

(16) $(1_1,\ (a^{-1})_0,\ (a^{-1})_1)$,

(17) $(1_1,\ (a^{-1})_0,\ (a^{3^{t}-1}b)_1)$,

(18) $\left(1_1,\ (a^{-1})_0,\ \left(a^{\frac{5\cdot3^{t}+1}{2}}b^{\frac{3^{t}+1}{2}}\right)_1\right)$,

(19) $\left(1_1,\ (a^{-1})_0,\ \left(a^{\frac{3^{t+1}-3}{2}}b^{\frac{3^{t}+1}{2}}\right)_1\right)$,

(20) $(1_1,\ (a^{-1})_0,\ (a^{3^{t}}b)_1)$,

(21) $\left(1_1,\ \left(a^{\frac{3^{t+1}+1}{2}}b^{\frac{3^{t}-1}{2}}\right)_0,\ \left(a^{\frac{3^{t+1}+1}{2}}b^{\frac{3^{t}-1}{2}}\right)_1\right)$,

(22) $\left(1_1,\ \left(a^{\frac{3^{t+1}+1}{2}}b^{\frac{3^{t}-1}{2}}\right)_0,\ \left(a^{\frac{5\cdot3^{t}+1}{2}}b^{\frac{3^{t}-1}{2}}\right)_1\right)$,

(23) $\left(1_1, \left(a^{\frac{3^{t+1}+1}{2}}b^{\frac{3^t-1}{2}}\right)_0, (a^{3^t+2})_1\right),$

(24) $\left(1_1, \left(a^{\frac{3^{t+1}+1}{2}}b^{\frac{3^t-1}{2}}\right)_0, \left(a^{\frac{3^{t+1}+3}{2}}b^{\frac{3^t-1}{2}}\right)_1\right),$

(25) $\left(1_1, \left(a^{\frac{3^{t+1}+1}{2}}b^{\frac{3^t-1}{2}}\right)_0, \left(a^{\frac{5\cdot3^t+3}{2}}b^{\frac{3^t+1}{2}}\right)_1\right),$

(26) $\left(1_1, (a^{2\cdot3^t-1}b^{-1})_0, (a^{2\cdot3^t-1}b^{-1})_1\right),$

(27) $\left(1_1, (a^{2\cdot3^t-1}b^{-1})_0, (a^{-1})_1\right),$

(28) $\left(1_1, (a^{2\cdot3^t-1}b^{-1})_0, \left(a^{\frac{3^{t+1}+1}{2}}b^{\frac{3^t-1}{2}}\right)_1\right),$

(29) $\left(1_1, (a^{2\cdot3^t-1}b^{-1})_0, (a^{2\cdot3^t}b^{-1})_1\right),$

(30) $\left(1_1, (a^{2\cdot3^t-1}b^{-1})_0, \left(a^{\frac{3^t-3}{2}}b^{\frac{3^t-1}{2}}\right)_1\right).$

证明 根据双凯莱图的定义, 我们可以得到图 Γ_t 中以点 $u = 1_0$ 或 1_1 为起始点的 2-弧 (u, v, w) 正如引理所述.

定理 6.1.1 对任意正整数 t, 图 Γ_t 是边传递的. 进一步的, Γ_1 是对称图且对任意 $t \geqslant 2$, Γ_t 是半对称图.

证明 我们先证明下面的这个论断: 存在 $\alpha \in \mathrm{Aut}\,(\mathcal{G}_t)$ 使得 $a^\alpha = a^{\frac{3^t-1}{2}}b^{\frac{3^t-1}{2}}$ 且 $b^\alpha = a^{\frac{3^t+3}{2}}b^{\frac{3^t-1}{2}}$;

令 $x = a^{-2}b$, $y = a^{3^t-3}b$. 则有

$$(yx^{-1})^{3^t+1} = [(a^{3^t-3}b)(a^{-2}b)^{-1}]^{3^t+1} = (a^{3^t-1})^{3^t+1} = a^{-1},$$

$$((yx^{-1})^{3^t+1})^{-2} \cdot x = a^2 \cdot a^{-2}b = b,$$

从而 $\langle a, b \rangle = \langle x, y \rangle$. 由引理 2.5.2(2) 可得 $x^{3^{t+1}} = (a^{-2}b)^{3^{t+1}} = 1$ 且 $y^{3^t} = (a^{3^t-3}b)^{3^t} = 1$.

令 $x = a^{\frac{3^t-1}{2}}b^{\frac{3^t-1}{2}}$, $y = a^{\frac{3^t+3}{2}}b^{\frac{3^t-1}{2}}$. 则有

$$xy^{-1} = a^{\frac{3^t-1}{2}}b^{\frac{3^t-1}{2}} \cdot b^{-\frac{3^t-1}{2}}a^{-\frac{3^t+3}{2}} = a^{-2},$$

从而 $a \in \langle x, y \rangle$. 于是有

$$(a^{-\frac{3^t-1}{2}}x)^2 = (a^{-\frac{3^t-1}{2}}a^{\frac{3^t-1}{2}}b^{\frac{3^t-1}{2}})^2 = b^{-1},$$

故 $b \in \langle x, y \rangle$, 因此 $\langle a, b \rangle = \langle x, y \rangle$.

根据引理 2.5.2(2)，我们有 $x^{3^{t+1}}=(a^{\frac{3^t-1}{2}}b^{\frac{3^t-1}{2}})^{3^{t+1}}=1$ 且 $y^{3^t}=(a^{\frac{3^t+3}{2}}b^{\frac{3^t-1}{2}})^{3^t}=1$. 进一步的，根据引理 2.5.1(1) 和引理 2.5.2(1) 和引理 2.5.2(5)，可以得到

$$x^{1+3^t} = (a^{\frac{3^t-1}{2}}b^{\frac{3^t-1}{2}})^{1+3^t} = a^{\frac{3^t-1}{2}\cdot(1+3^t)}b^{\frac{3^t-1}{2}} = a^{\frac{3^{2t}-1}{2}}b^{\frac{3^t-1}{2}} = a^{\frac{3^{t+1}-1}{2}}b^{\frac{3^t-1}{2}},$$

且

$$
\begin{aligned}
y^{-1}xy &= (a^{\frac{3^t+3}{2}}b^{\frac{3^t-1}{2}})^{-1}(a^{\frac{3^t-1}{2}}b^{\frac{3^t-1}{2}})(a^{\frac{3^t+3}{2}}b^{\frac{3^t-1}{2}}) \\
&= (b^{\frac{1-3^t}{2}}a^{-\frac{3^t+3}{2}+\frac{3^t-1}{2}}b^{\frac{3^t-1}{2}})(a^{\frac{3^t+3}{2}}b^{\frac{3^t-1}{2}}) \\
&= b^{\frac{1-3^t}{2}}(a^{-2}b^{\frac{3^t-1}{2}})(a^{\frac{3^t+3}{2}}b^{\frac{3^t-1}{2}}) \\
&= b^{\frac{1-3^t}{2}}(b^{\frac{3^t-1}{2}}a^{-2(1+3^t)^{\frac{3^t-1}{2}}})(a^{\frac{3^t+3}{2}}b^{\frac{3^t-1}{2}}) \\
&= a^{-2(1+\frac{3^t-1}{2}\cdot 3^t)+\frac{3^t+3}{2}}b^{\frac{3^t-1}{2}} \\
&= a^{\frac{3^{t+1}-1}{2}}b^{\frac{3^t-1}{2}} \\
&= x^{1+3^t}.
\end{aligned}
$$

因此 x 和 y 满足关系 $x^{3^{t+1}}=y^{3^t}=1$ 和 $y^{-1}xy=x^{1+3^t}$. 这说明映射 $\alpha: a\mapsto x, b\mapsto y$ 是 $\mathcal{G}_t$ 的一个群自同构，从而上述论断成立.

下面我们将完成引理的证明. 根据上述论断，存在 $\alpha\in\mathrm{Aut}\,(\mathcal{G}_t)$ 使得 $a^\alpha=a^{\frac{3^t-1}{2}}b^{\frac{3^t-1}{2}}$ 且 $b^\alpha=a^{\frac{3^t+3}{2}}b^{\frac{3^t-1}{2}}$. 再由引理 2.5.1(2) 及引理 2.5.2(2),(4),(5)，我们有

$$
\begin{aligned}
(a^{\frac{3^t+3}{2}}b^{\frac{3^t+1}{2}})^\alpha &= (a^{\frac{3^t-1}{2}}b^{\frac{3^t-1}{2}})^{\frac{3^t+3}{2}}(a^{\frac{3^t+3}{2}}b^{\frac{3^t-1}{2}})^{\frac{3^t+1}{2}} \\
&= a^{\frac{3^t-1}{2}\cdot\frac{3^t+3}{2}+\frac{3^t+3}{2}\cdot\frac{3^t+1}{2}}b^{\frac{3^t-1}{2}\cdot\frac{3^t+3}{2}+\frac{3^t-1}{2}\cdot\frac{3^t+1}{2}} \\
&= a^{\frac{3^t+3}{2}(3^t)}b^{\frac{3^t-1}{2}(3^t+2)} \\
&= b^{-1},
\end{aligned}
$$

$$
\begin{aligned}
(a^{\frac{5\cdot 3^t-1}{2}}b^{\frac{3^t+1}{2}})^\alpha &= (a^{\frac{3^t-1}{2}}b^{\frac{3^t-1}{2}})^{\frac{5\cdot 3^t-1}{2}}(a^{\frac{3^t+3}{2}}b^{\frac{3^t-1}{2}})^{\frac{3^t+1}{2}} \\
&= a^{\frac{3^t-1}{2}\cdot\frac{5\cdot 3^t-1}{2}+\frac{3^t+3}{2}\cdot\frac{3^t+1}{2}}b^{\frac{3^t-1}{2}\cdot\frac{5\cdot 3^t-1}{2}+\frac{3^t-1}{2}\cdot\frac{3^t+1}{2}} \\
&= a^{\frac{3^t-1}{2}\cdot\frac{-3^t-1}{2}+\frac{3^t+3}{2}\cdot\frac{3^t+1}{2}}b^{\frac{3^t-1}{2}\cdot 3^{t+1}}
\end{aligned}
$$

$$= a^{\frac{3^t+1}{2} \cdot (\frac{1-3^t}{2} + \frac{3^t+3}{2})}$$

$$= a^{3^t+1},$$

$$(ab)^\alpha = (a^{\frac{3^t-1}{2}} b^{\frac{3^t-1}{2}})(a^{\frac{3^t+3}{2}} b^{\frac{3^t-1}{2}}) = a^{\frac{3^t-1}{2} + \frac{3^t+3}{2}} b^{\frac{3^t-1}{2} + \frac{3^t-1}{2}} = a^{3^t+1} b^{-1},$$

$$b^{-1} a^{\frac{5 \cdot 3^t-1}{2}} b^{\frac{3^t+1}{2}} = a^{\frac{5 \cdot 3^t-1}{2}(1+3^t)} b^{\frac{3^t+1}{2}-1} = a^{\frac{5 \cdot 3^{2t} + 3^t + 1 + 3^t - 1}{2}} b^{\frac{3^t-1}{2}} = a^{\frac{3^t-1}{2}} b^{\frac{3^t-1}{2}}.$$

于是有

$$R_t{}^\alpha = \{1^\alpha, b^\alpha, (a^{\frac{3^t+3}{2}} b^{\frac{3^t+1}{2}})^\alpha, a^\alpha, (a^{\frac{5 \cdot 3^t-1}{2}} b^{\frac{3^t+1}{2}})^\alpha, (ab)^\alpha\}$$

$$= \{1, a^{\frac{3^t+3}{2}} b^{\frac{3^t-1}{2}}, b^{-1}, a^{\frac{3^t-1}{2}} b^{\frac{3^t-1}{2}}, a^{3^t+1}, a^{3^t+1} b^{-1}\}$$

$$= b^{-1} R_t.$$

根据命题 2.3.2 可得 $\sigma_{\alpha,b}$ 是 Γ_t 的一个稳定 1_0 的图自同构. 进一步的, 由引理 2.5.1(2) 及引理 2.5.2(1),(4), 我们可以得到 $1_1^{\sigma_{\alpha,b}} = b_1$,

$$b_1^{\sigma_{\alpha,b}} = (ba^{\frac{3^t+3}{2}} b^{\frac{3^t-1}{2}})_1 = (a^{\frac{3^t+3}{2}} b^{\frac{3^t+1}{2}})_1,$$

$$(a^{\frac{3^t+3}{2}} b^{\frac{3^t+1}{2}})_1^{\sigma_{\alpha,b}} = (b(a^{\frac{3^t+3}{2}} b^{\frac{3^t+1}{2}})^\alpha)_1 = (bb^{-1})_1 = 1_1,$$

$$a_1^{\sigma_{\alpha,b}} = (ba^{\frac{3^t-1}{2}} b^{\frac{3^t-1}{2}})_1 = (a^{\frac{3^t-1}{2}(1-3^t)} b^{\frac{3^t-1}{2}+1})_1 = (a^{\frac{5 \cdot 3^t-3}{2}} b^{\frac{3^t+1}{2}})_1,$$

$$(a^{\frac{5 \cdot 3^t-3}{2}} b^{\frac{3^t+1}{2}})_1^{\sigma_{\alpha,b}} = (b \cdot (a^{\frac{5 \cdot 3^t-3}{2}} b^{\frac{3^t+1}{2}})^\alpha)_1 = (b \cdot a^{3^t+1})_1 = (ab)_1,$$

$$(ab)_1^{\sigma_{\alpha,b}} = (b \cdot (ab)^\alpha)_1 = (b \cdot a^{3^t+1} b^{-1})_1 = (abb^{-1})_1 = a_1.$$

因此, $\sigma_{\alpha,b}$ 作用在点 1_0 的邻域上恰好有两个轨道, 记这两个轨道为 O_1 和 O_2, 其中 $O_1 = \{1_1, b_1, (a^{\frac{3^t+3}{2}} b^{\frac{3^t+1}{2}})_1\}$ 且 $O_2 = \{a_1, (a^{\frac{5 \cdot 3^t-3}{2}} b^{\frac{3^t+1}{2}})_1, (ab)_1\}$. 容易验证以下映射 $\beta : a \mapsto a^{-1}, b \mapsto b$ 诱导出 $\mathcal{G}_t$ 的一个自同构且 $R_t{}^\beta = a^{-1} R_t$. 于是由命题 2.3.2 可得, $\sigma_{\beta,a}$ 是 Γ_t 的稳定点 1_0 的一个自同构且互变轨道 O_1 和 O_2. 令 $B = \mathcal{R}(\mathcal{G}_t) \rtimes \langle \sigma_{\alpha,b}, \sigma_{\beta,a} \rangle$. 则 B 作用在 Γ_t 的边集上正则, 从而 Γ_t 边传递.

如果 $t = 1$, 则根据 MAGMA [73] 计算, 我们得到 Γ_1 是对称图, 正如定理所述.

如果 $t \geqslant 2$, 则由引理 6.1.1, 可以找出 Γ_t 中所有包含点 $u = 1_0$ 或 1_1 的 4-圈, 正如图 6.1 所示, 其中

$$x_1 = 1_1, \qquad x_2 = a_1, \qquad x_3 = (a^{\frac{3^t+3}{2}} b^{\frac{3^t+1}{2}})_1,$$

$$x_4 = (ab)_1, \qquad x_5 = b_1, \qquad x_6 = (a^{\frac{5 \cdot 3^t-1}{2}} b^{\frac{3^t+1}{2}})_1,$$

$$y_1 = (b^{-1})_0, \qquad y_2 = (a^{\frac{3^t+3}{2}} b^{\frac{3^t-1}{2}})_0, \qquad y_3 = (a^{\frac{3^t+3}{2}} b^{\frac{3^t+1}{2}})_0,$$

$$y_4 = b_0, \qquad y_5 = (a^{\frac{5 \cdot 3^t-3}{2}} b^{\frac{3^t+1}{2}})_0, \qquad y_6 = (a^{\frac{5 \cdot 3^t-3}{2}} b^{\frac{3^t-1}{2}})_0,$$

$$u_1 = 1_0, \qquad u_2 = (b^{-1})_0, \qquad u_3 = (a^{\frac{5 \cdot 3^t-3}{2}} b^{\frac{3^t-1}{2}})_0,$$

$$u_4 = (a^{-1})_0, \qquad u_5 = (a^{\frac{3^{t+1}+1}{2}} b^{\frac{3^t-1}{2}})_0, \qquad u_6 = (a^{2 \cdot 3^t-1} b^{3^t-1})_0,$$

$$v_1 = a_1, \qquad v_2 = (a^{\frac{5 \cdot 3^t-1}{2}} b^{\frac{3^t-1}{2}})_1, \qquad v_3 = (a^{\frac{5 \cdot 3^t-1}{2}} b^{\frac{3^t+1}{2}})_1,$$

$$v_4 = (a^{\frac{5 \cdot 3^t+1}{2}} b^{\frac{3^t+1}{2}})_1, \qquad v_5 = (a^{\frac{3^{t+1}+1}{2}} b^{\frac{3^t-1}{2}})_1, \qquad v_6 = (a^{-1})_1.$$

根据图 1，我们可以看到，图 Γ_t 中存在一个 12-圈 $(1_1, x_1, y_1, x_2, y_2, x_3, y_3, x_4, y_4, x_5, y_5, x_6, 1_1)$，它经过点 1_1 和它的六个邻点. 然而，图 Γ_t 中不存在经过点 1_0 和它的六个邻点的 12-圈. 这说明 Γ_t 不是点传递图，从而 Γ_t 是半对称图，正如定理所述.

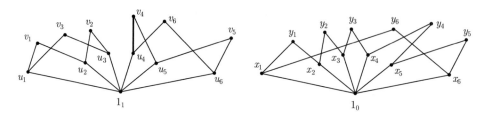

图 6.1　图 Γ_t 中的包含点 1_0 或 1_1 的 4-圈 (其中 $t \geqslant 2$)

6.2　六度半对称图的无限类二

本节我们通过亚循环 3-群上的双凯莱图构造第二个六度半对称图的无限类.

构造 2　令 $t \geqslant 1$ 且

$$\mathcal{G}_t = \langle a, b \mid a^{3^{t+1}} = b^{3^t} = 1, b^{-1}ab = a^{1+3^t} \rangle.$$

令 $S_t = \{1, b, a^{\frac{3^{t+1}+3}{2}} b^{\frac{3^t+1}{2}}, a, a^{\frac{3^{t+1}-1}{2}} b^{\frac{3^t+1}{2}}, ab\}$ 且 $\Sigma_t = \mathrm{BiCay}(\mathcal{G}_t, \phi, \phi, S_t)$.

　　引理 6.2.1　对任意 $t \geqslant 1$，图 Σ_t 中以点 $u = 1_0$ 为起始点的 2-弧 (u, v, w) 为以下 2-弧之一:

(1) $(1_0, 1_1, (b^{-1})_0)$,

(2) $(1_0, 1_1, (a^{\frac{3^{t+1}-3}{2}} b^{\frac{3^t-1}{2}})_0)$,

(3) $(1_0, 1_1, (a^{-1})_0)$,

(4) $(1_0, 1_1, (a^{\frac{5 \cdot 3^t+1}{2}} b^{\frac{3^t-1}{2}})_0)$,

(5) $(1_0, 1_1, (a^{2 \cdot 3^t-1} b^{3^t-1})_0)$,

(6) $(1_0, b_1, b_0)$,

(7) $(1_0, b_1, (a^{\frac{3^{t+1}-3}{2}} b^{\frac{3^t+1}{2}})_0)$,

(8) $(1_0, b_1, (a^{-1}b)_0)$,

(9) $(1_0, b_1, (a^{\frac{5 \cdot 3^t+1}{2}} b^{\frac{3^t+1}{2}})_0)$,

(10) $(1_0, b_1, (a^{2 \cdot 3^t-1})_0)$,

(11) $(1_0, (a^{\frac{3^{t+1}+3}{2}} b^{\frac{3^t+1}{2}})_1, (a^{\frac{3^{t+1}+3}{2}} b^{\frac{3^t+1}{2}})_0)$,

(12) $(1_0, (a^{\frac{3^{t+1}+3}{2}} b^{\frac{3^t+1}{2}})_1, (a^{\frac{3^{t+1}+3}{2}} b^{\frac{3^t-1}{2}})_0)$,

(13) $(1_0, (a^{\frac{3^{t+1}+3}{2}} b^{\frac{3^t+1}{2}})_1, (a^{\frac{3^{t+1}+1}{2}} b^{\frac{3^t+1}{2}})_0)$,

(14) $(1_0, (a^{\frac{3^{t+1}+3}{2}} b^{\frac{3^t+1}{2}})_1, (a^{3^t+2})_0)$,

(15) $(1_0, (a^{\frac{3^{t+1}+3}{2}} b^{\frac{3^t+1}{2}})_1, (a^{\frac{3^t+1}{2}} b^{\frac{3^t-1}{2}})_0)$,

(16) $(1_0, a_1, a_0)$,

(17) $(1_0, a_1, (a^{3^t+1} b^{3^t-1})_0)$,

(18) $(1_0, a_1, (a^{\frac{3^t-1}{2}} b^{\frac{3^t-1}{2}})_0)$,

(19) $(1_0, a_1, (a^{\frac{3^{t+1}+3}{2}} b^{\frac{3^t-1}{2}})_0)$,

(20) $(1_0, a_1, (b^{-1})_0)$,

(21) $(1_0, (a^{\frac{3^{t+1}-1}{2}} b^{\frac{3^t+1}{2}})_1, (a^{\frac{3^{t+1}-1}{2}} b^{\frac{3^t+1}{2}})_0)$,

(22) $(1_0, (a^{\frac{3^{t+1}-1}{2}} b^{\frac{3^t+1}{2}})_1, (a^{\frac{5 \cdot 3^t-1}{2}} b^{\frac{3^t-1}{2}})_0)$,

(23) $(1_0, (a^{\frac{3^{t+1}-1}{2}} b^{\frac{3^t+1}{2}})_1, (a^{2 \cdot 3^t-2})_0)$,

(24) $(1_0, (a^{\frac{3^{t+1}-1}{2}} b^{\frac{3^t+1}{2}})_1, (a^{\frac{3^{t+1}-3}{2}} b^{\frac{3^t+1}{2}})_0)$,

(25) $(1_0, (a^{\frac{3^{t+1}-1}{2}} b^{\frac{3^t+1}{2}})_1, (a^{\frac{3^{t+1}-3}{2}} b^{\frac{3^t-1}{2}})_0)$,

(26) $(1_0, (ab)_1, (ab)_0)$,

(27) $(1_0, (ab)_1, (a^{3^t+1})_0)$,

(28) $(1_0, (ab)_1, (a^{\frac{3^t-1}{2}} b^{\frac{3^t+1}{2}})_0)$,

(29) $(1_0, (ab)_1, b_0)$,

(30) $(1_0, (ab)_1, (a^{\frac{3^{t+1}+3}{2}}b^{\frac{3^t+1}{2}})_0)$.

图 Σ_t 中以点 $u = 1_1$ 为起始点的 2-弧 (u, v, w) 为以下 2-弧之一:

(1) $(1_1, 1_0, b_1)$,

(2) $(1_1, 1_0, (a^{\frac{5\cdot 3^t+3}{2}}b^{\frac{3^t+1}{2}})_1)$,

(3) $(1_1, 1_0, a_1)$,

(4) $(1_1, 1_0, (a^{\frac{3^t-1}{2}}b^{\frac{3^t+1}{2}})_1)$,

(5) $(1_1, 1_0, (ab)_1)$,

(6) $(1_1, (b^{-1})_0, (b^{-1})_1)$,

(7) $(1_1, (b^{-1})_0, (a^{\frac{5\cdot 3^t+3}{2}}b^{\frac{3^t-1}{2}})_1)$,

(8) $(1_1, (b^{-1})_0, (ab^{-1})_1)$,

(9) $(1_1, (b^{-1})_0, (a^{\frac{3^t-1}{2}}b^{\frac{3^t-1}{2}})_1)$,

(10) $(1_1, (b^{-1})_0, a_1)$,

(11) $(1_1, (a^{\frac{3^t-3}{2}}b^{\frac{3^t-1}{2}})_0, (a^{\frac{3^t-3}{2}}b^{\frac{3^t-1}{2}})_1)$,

(12) $(1_1, (a^{\frac{3^t-3}{2}}b^{\frac{3^t-1}{2}})_0, (a^{\frac{3^t-3}{2}}b^{\frac{3^t+1}{2}})_1)$,

(13) $(1_1, (a^{\frac{3^t-3}{2}}b^{\frac{3^t-1}{2}})_0, (a^{\frac{3^t-1}{2}}b^{\frac{3^t-1}{2}})_1)$,

(14) $(1_1, (a^{\frac{3^t-3}{2}}b^{\frac{3^t-1}{2}})_0, (a^{3^t-2})_1)$,

(15) $(1_1, (a^{\frac{3^t-3}{2}}b^{\frac{3^t-1}{2}})_0, (a^{\frac{3^t-1}{2}}b^{\frac{3^t+1}{2}})_1)$,

(16) $(1_1, (a^{-1})_0, (a^{-1})_1)$,

(17) $(1_1, (a^{-1})_0, (a^{3^t-1}b)_1)$,

(18) $(1_1, (a^{-1})_0, (a^{\frac{3^{t+1}+1}{2}}b^{\frac{3^t+1}{2}})_1)$,

(19) $(1_1, (a^{-1})_0, (a^{\frac{5\cdot 3^t-3}{2}}b^{\frac{3^t+1}{2}})_1)$,

(20) $(1_1, (a^{-1})_0, (a^{3^t}b)_1)$,

(21) $(1_1, (a^{\frac{3^t+1}{2}}b^{\frac{3^t-1}{2}})_0, (a^{\frac{3^t+1}{2}}b^{\frac{3^t-1}{2}})_1)$,

(22) $(1_1, (a^{\frac{3^{t+1}+1}{2}}b^{\frac{3^t-1}{2}})_0, (a^{\frac{3^{t+1}+1}{2}}b^{\frac{3^t+1}{2}})_1)$,

(23) $(1_1, (a^{\frac{3^{t+1}+1}{2}}b^{\frac{3^t-1}{2}})_0, (a^{2\cdot 3^t+2})_1)$,

(24) $(1_1, (a^{\frac{3^{t+1}+1}{2}}b^{\frac{3^t-1}{2}})_0, (a^{\frac{3^t+3}{2}}b^{\frac{3^t-1}{2}})_1)$,

(25) $(1_1, (a^{\frac{3^{t+1}+1}{2}}b^{\frac{3^t-1}{2}})_0, (a^{\frac{3^{t+1}+3}{2}}b^{\frac{3^t+1}{2}})_1)$,

(26) $(1_1, (a^{2\cdot 3^t-1}b^{-1})_0, (a^{2\cdot 3^t-1}b^{-1})_1)$,

(27) $(1_1, (a^{2\cdot 3^t-1}b^{-1})_0, (a^{-1})_1)$,

(28) $(1_1, (a^{2\cdot3^t-1}b^{-1})_0, (a^{\frac{3^t+1}{2}}b^{\frac{3^t-1}{2}})_1)$,

(29) $(1_1, (a^{2\cdot3^t-1}b^{-1})_0, (a^{2\cdot3^t}b^{-1})_1)$,

(30) $(1_1, (a^{2\cdot3^t-1}b^{-1})_0, (a^{\frac{3^{t+1}-3}{2}}b^{\frac{3^t-1}{2}})_1)$.

证明 根据双凯莱图的定义, 我们可以得到图 Σ_t 中以点 $u = 1_0$ 或 1_1 为起始点的 2-弧 (u, v, w) 正如引理所述.

定理 6.2.1 对任意正整数 t, 图 Σ_t 是边传递的. 进一步的, Σ_1 是对称图且对任意 $t \geqslant 2$, Σ_t 是半对称图.

证明 我们先证明下面的这个论断: 存在 $\alpha \in \mathrm{Aut}\,(\mathcal{G}_t)$ 使得 $a^\alpha = a^{\frac{5\cdot3^t-1}{2}}b^{\frac{3^t-1}{2}}$ 且 $b^\alpha = a^{\frac{3^{t+1}+3}{2}}b^{\frac{3^t-1}{2}}$.

令 $x = a^{\frac{5\cdot3^t-1}{2}}b^{\frac{3^t-1}{2}}$, $y = a^{\frac{3^{t+1}+3}{2}}b^{\frac{3^t-1}{2}}$. 则有

$$xy^{-1} = a^{\frac{5\cdot3^t-1}{2}}b^{\frac{3^t-1}{2}} \cdot b^{-\frac{3^t-1}{2}}a^{-\frac{3^{t+1}+3}{2}} = a^{3^t-2}.$$

这说明 $a \in \langle x, y \rangle$. 并且有

$$(a^{\frac{1-5\cdot3^t}{2}}x)^2 = (a^{\frac{1-5\cdot3^t}{2}}a^{\frac{5\cdot3^t-1}{2}}b^{\frac{3^t-1}{2}})^2 = b^{-1}.$$

这推出 $b \in \langle x, y \rangle$, 从而 $\langle a, b \rangle = \langle x, y \rangle$.

根据引理 2.5.2(2), 我们有 $x^{3^{t+1}} = (a^{\frac{5\cdot3^t-1}{2}}b^{\frac{3^t-1}{2}})^{3^{t+1}} = 1$ 且 $y^{3^t} = (a^{\frac{3^{t+1}+3}{2}}b^{\frac{3^t-1}{2}})^{3^t} = 1$. 进一步的, 由引理 2.5.1(1) 及引理 2.5.2(1) 和引理 2.5.6(5) 可以得到

$$x^{1+3^t} = (a^{\frac{5\cdot3^t-1}{2}}b^{\frac{3^t-1}{2}})^{1+3^t} = a^{\frac{5\cdot3^t-1}{2}\cdot(1+3^t)}b^{\frac{3^t-1}{2}} = a^{\frac{5\cdot3^{2t}+4\cdot3^t-1}{2}}b^{\frac{3^t-1}{2}} = a^{\frac{3^t-1}{2}}b^{\frac{3^t-1}{2}},$$

且

$$\begin{aligned}
y^{-1}xy &= (a^{\frac{3^{t+1}+3}{2}}b^{\frac{3^t-1}{2}})^{-1}(a^{\frac{5\cdot3^t-1}{2}}b^{\frac{3^t-1}{2}})(a^{\frac{3^{t+1}+3}{2}}b^{\frac{3^t-1}{2}})\\
&= (b^{\frac{1-3^t}{2}}a^{-\frac{3^{t+1}+3}{2}+\frac{5\cdot3^t-1}{2}}b^{\frac{3^t-1}{2}})(a^{\frac{3^{t+1}+3}{2}}b^{\frac{3^t-1}{2}})\\
&= b^{\frac{1-3^t}{2}}(a^{3^t-2}b^{\frac{3^t-1}{2}})(a^{\frac{3^{t+1}+3}{2}}b^{\frac{3^t-1}{2}})\\
&= b^{\frac{1-3^t}{2}}(b^{\frac{3^t-1}{2}}a^{(3^t-2)\cdot(1+3^t)^{\frac{3^t-1}{2}}})(a^{\frac{3^{t+1}+3}{2}}b^{\frac{3^t-1}{2}})\\
&= a^{(3^t-2)(1+\frac{3^t-1}{2}\cdot3^t)+\frac{3^{t+1}+3}{2}}b^{\frac{3^t-1}{2}}
\end{aligned}$$

$$= a^{\frac{3^t-1}{2}} b^{\frac{3^t-1}{2}}$$

$$= x^{1+3^t}.$$

故 x 和 y 满足关系 $x^{3^{t+1}} = y^{3^t} = 1$ 和 $y^{-1}xy = x^{1+3^t}$. 这说明映射 $\alpha: a \mapsto x, b \mapsto y$ 是 $\mathcal{G}_t$ 的一个群自同构, 从而上述论断成立.

下面我们将完成引理的证明. 根据上述论断, 存在 $\alpha \in \mathrm{Aut}\,(\mathcal{G}_t)$ 使得 $a^\alpha = a^{\frac{5\cdot3^t-1}{2}} b^{\frac{3^t-1}{2}}$ 且 $b^\alpha = a^{\frac{3^{t+1}+3}{2}} b^{\frac{3^t-1}{2}}$. 再由引理 2.5.1(2) 及引理 2.5.2(2),(4),(5), 我们有

$$
\begin{aligned}
(a^{\frac{3^{t+1}+3}{2}} b^{\frac{3^t+1}{2}})^\alpha &= (a^{\frac{5\cdot3^t-1}{2}} b^{\frac{3^t-1}{2}})^{\frac{3^{t+1}+3}{2}} (a^{\frac{3^{t+1}+3}{2}} b^{\frac{3^t-1}{2}})^{\frac{3^{t+1}}{2}} \\
&= a^{\frac{5\cdot3^t-1}{2}\cdot\frac{3^{t+1}+3}{2} + \frac{3^{t+1}+3}{2}\cdot\frac{3^{t+1}}{2}} b^{\frac{3^t-1}{2}\cdot\frac{3^{t+1}+3}{2} + \frac{3^t-1}{2}\cdot\frac{3^{t+1}}{2}} \\
&= a^{\frac{3^{t+1}+3}{2}(\frac{5\cdot3^t-1}{2}+\frac{3^{t+1}}{2})} b^{\frac{3^t-1}{2}(\frac{3^{t+1}+3}{2}+\frac{3^{t+1}}{2})} \\
&= b^{-1},
\end{aligned}
$$

$$
\begin{aligned}
(a^{\frac{3^{t+1}-1}{2}} b^{\frac{3^t+1}{2}})^\alpha &= (a^{\frac{5\cdot3^t-1}{2}} b^{\frac{3^t-1}{2}})^{\frac{3^{t+1}-1}{2}} (a^{\frac{3^{t+1}+3}{2}} b^{\frac{3^t-1}{2}})^{\frac{3^t+1}{2}} \\
&= a^{\frac{5\cdot3^t-1}{2}\cdot\frac{3^{t+1}-1}{2} + \frac{3^{t+1}+3}{2}\cdot\frac{3^t+1}{2}} b^{\frac{3^t-1}{2}\cdot\frac{3^{t+1}-1}{2} + \frac{3^t-1}{2}\cdot\frac{3^t+1}{2}} \\
&= a^{\frac{3^t+1}{2}\cdot(\frac{1-3^{t+1}}{2}+\frac{3^{t+1}+3}{2})} b^{\frac{3^t-1}{2}\cdot(\frac{3^{t+1}-1}{2}+\frac{3^t+1}{2})} \\
&= a^{3^t+1},
\end{aligned}
$$

$$(ab)^\alpha = (a^{\frac{5\cdot3^t-1}{2}} b^{\frac{3^t-1}{2}})(a^{\frac{3^{t+1}+3}{2}} b^{\frac{3^t-1}{2}}) = a^{\frac{5\cdot3^t-1}{2}+\frac{3^{t+1}+3}{2}} b^{\frac{3^t-1}{2}+\frac{3^t-1}{2}} = a^{3^t+1} b^{-1},$$

$$b^{-1} a^{\frac{3^{t+1}-1}{2}} b^{\frac{3^t+1}{2}} = a^{\frac{3^{t+1}-1}{2}(1+3^t)} b^{\frac{3^t+1}{2}-1} = a^{\frac{3^{2t+1}-3^t+3^{t+1}-1}{2}} b^{\frac{3^t-1}{2}} = a^{\frac{5\cdot3^t-1}{2}} b^{\frac{3^t-1}{2}}.$$

于是有

$$
\begin{aligned}
S_t^{\,\alpha} &= \{1^\alpha, b^\alpha, (a^{\frac{3^{t+1}+3}{2}} b^{\frac{3^t+1}{2}})^\alpha, a^\alpha, (a^{\frac{3^{t+1}-1}{2}} b^{\frac{3^t+1}{2}})^\alpha, (ab)^\alpha\} \\
&= \{1, a^{\frac{3^{t+1}+3}{2}} b^{\frac{3^t-1}{2}}, b^{-1}, a^{\frac{5\cdot3^t-1}{2}} b^{\frac{3^t-1}{2}}, a^{3^t+1}, a^{3^t+1} b^{-1}\} \\
&= b^{-1} S_t.
\end{aligned}
$$

根据命题 2.3.2 可得 $\sigma_{\alpha,b}$ 是 Σ_t 的一个稳定 1_0 的图自同构. 进一步的, 由引理

2.5.1(2) 及引理 2.5.2(1),(4), 我们可以得到 $1_1^{\sigma_{\alpha,b}} = b_1$,

$$b_1^{\sigma_{\alpha,b}} = (ba^{\frac{3^{t+1}+3}{2}}b^{\frac{3^t-1}{2}})_1 = (a^{\frac{3^{t+1}+3}{2}}b^{\frac{3^t+1}{2}})_1,$$

$$(a^{\frac{3^{t+1}+3}{2}}b^{\frac{3^t+1}{2}})_1^{\sigma_{\alpha,b}} = (b(a^{\frac{3^{t+1}+3}{2}}b^{\frac{3^t+1}{2}})^\alpha)_1 = (bb^{-1})_1 = 1_1,$$

$$u_1^{\sigma_{\alpha,b}} = (ba^{\frac{5\cdot3^t-1}{2}}b^{\frac{3^t-1}{2}})_1 = (a^{\frac{5\cdot3^t-1}{2}(1-3^t)}b^{\frac{3^t-1}{2}+1})_1 - (a^{\frac{3^{t+1}-1}{2}}b^{\frac{3^t+1}{2}})_1,$$

$$(a^{\frac{3^{t+1}-1}{2}}b^{\frac{3^t+1}{2}})_1^{\sigma_{\alpha,b}} = (b \cdot (a^{\frac{3^{t+1}-1}{2}}b^{\frac{3^t+1}{2}})^\alpha)_1 = (b \cdot a^{3^t+1})_1 = (ab)_1,$$

$$(ab)_1^{\sigma_{\alpha,b}} = (b \cdot (ab)^\alpha)_1 = (b \cdot a^{3^t+1}b^{-1})_1 = (abb^{-1})_1 = a_1.$$

因此, $\sigma_{\alpha,b}$ 作用在点 1_0 的邻域上恰好有两个轨道, 记这两个轨道为 O_1 和 O_2, 其中 $O_1 = \{1_1, b_1, (a^{\frac{3^{t+1}+3}{2}}b^{\frac{3^t+1}{2}})_1\}$ 且 $O_2 = \{a_1, (a^{\frac{3^{t+1}-1}{2}}b^{\frac{3^t+1}{2}})_1, (ab)_1\}$. 容易验证映射 $\beta : a \mapsto a^{-1}, b \mapsto b$ 诱导出 $\mathcal{G}_t$ 的一个自同构且 $S_t^\beta = a^{-1}S_t$. 于是由命题 2.3.2 可得, $\sigma_{\beta,a}$ 是 Σ_t 的稳定点 1_0 的一个自同构且互变轨道 O_1 和 O_2. 令 $B = \mathcal{R}(\mathcal{G}_t) \rtimes \langle \sigma_{\alpha,b}, \sigma_{\beta,a} \rangle$. 则 B 作用在 Σ_t 的边集上正则, 从而 Σ_t 边传递.

如果 $t = 1$, 则根据 MAGMA[73] 计算, 我们得到 Σ_1 是对称图, 正如定理所述.

如果 $t \geqslant 2$, 则根据引理 6.2.1, 我们可以找出图 Σ_t 中所有包含点 $u = 1_0$ 或 1_1 的 4-圈, 正如图 6.1 所示, 其中

$x_1 = 1_1,$	$x_2 = a_1,$	$x_3 = (a^{\frac{3^{t+1}+3}{2}}b^{\frac{3^t+1}{2}})_1,$
$x_4 = (ab)_1,$	$x_5 = b_1,$	$x_6 = (a^{\frac{3^{t+1}-3}{2}}b^{\frac{3^t+1}{2}})_1,$
$y_1 = (b^{-1})_0,$	$y_2 = (a^{\frac{3^{t+1}+3}{2}}b^{\frac{3^t-1}{2}})_0,$	$y_3 = (a^{\frac{3^{t+1}+3}{2}}b^{\frac{3^t+1}{2}})_0,$
$y_4 = b_0,$	$y_5 = (a^{\frac{3^{t+1}-3}{2}}b^{\frac{3^t+1}{2}})_0,$	$y_6 = (a^{\frac{3^{t+1}-3}{2}}b^{\frac{3^t-1}{2}})_0,$
$u_1 = 1_0,$	$u_2 = (b^{-1})_0,$	$u_3 = (a^{\frac{3^{t+1}-3}{2}}b^{\frac{3^t-1}{2}})_0,$
$u_4 = (a^{-1})_0,$	$u_5 = (a^{\frac{5\cdot3^t+1}{2}}b^{\frac{3^t-1}{2}})_0,$	$u_6 = (a^{2\cdot3^t-1}b^{3^t-1})_0,$
$v_1 = a_1,$	$v_2 = (a^{\frac{3^{t+1}-1}{2}}b^{\frac{3^t-1}{2}})_1,$	$v_3 = (a^{\frac{3^{t+1}-1}{2}}b^{\frac{3^t+1}{2}})_1,$
$v_4 = (a^{\frac{3^t+1}{2}}b^{\frac{3^t+1}{2}})_1,$	$v_5 = (a^{\frac{5\cdot3^t+1}{2}}b^{\frac{3^t-1}{2}})_1,$	$v_6 = (a^{-1})_1.$

根据图 6.1, 我们可以看到, 图 Σ_t 中存在一个 12-圈 $(1_1, x_1, y_1, x_2, y_2, x_3, y_3, x_4, y_4, x_5, y_5, x_6, 1_1)$ 经过点 1_1 和它的六个邻点. 然而, 图 Σ_t 中不存在经过点 1_0 和它的六个邻点的 12-圈. 这说明 Σ_t 不是点传递图, 从而 Σ_t 是半对称图.

6.3 六度半对称图的无限类三

本节我们通过亚循环 3-群上的双凯莱图构造第三个六度半对称图的无限类.

构造 3 令 $t \geqslant 1$ 且

$$\mathcal{G}_t = \langle a, b \mid a^{3^{t+1}} = b^{3^t} = 1, b^{-1}ab = a^{1+3^t} \rangle.$$

令 $T_t = \{1, b, a^{\frac{5 \cdot 3^t + 3}{2}} b^{\frac{3^t+1}{2}}, a, a^{\frac{3^t-1}{2}} b^{\frac{3^t+1}{2}}, ab\}$ 且 $\Delta_t = \mathrm{BiCay}\,(\mathcal{G}_t, \phi, \phi, T_t)$.

引理 6.3.1 对任意 $t \geqslant 1$, 图 Δ_t 中以点 $u = 1_0$ 为起始点的 2-弧 (u, v, w) 为以下 2-弧之一:

(1) $(1_0, 1_1, (b^{-1})_0)$,

(2) $(1_0, 1_1, (a^{\frac{3^t-3}{2}} b^{\frac{3^t-1}{2}})_0)$,

(3) $(1_0, 1_1, (a^{-1})_0)$,

(4) $(1_0, 1_1, (a^{\frac{3^t+1}{2}} b^{\frac{3^t-1}{2}})_0)$,

(5) $(1_0, 1_1, (a^{2 \cdot 3^t - 1} b^{3^t - 1})_0)$,

(6) $(1_0, b_1, b_0)$,

(7) $(1_0, b_1, (a^{\frac{3^t-3}{2}} b^{\frac{3^t+1}{2}})_0)$,

(8) $(1_0, b_1, (a^{-1}b)_0)$,

(9) $(1_0, b_1, (a^{\frac{3^t+1}{2}} b^{\frac{3^t+1}{2}})_0)$,

(10) $(1_0, b_1, (a^{2 \cdot 3^t - 1})_0)$,

(11) $(1_0, (a^{\frac{5 \cdot 3^t+3}{2}} b^{\frac{3^t+1}{2}})_1, (a^{\frac{5 \cdot 3^t+3}{2}} b^{\frac{3^t+1}{2}})_0)$,

(12) $(1_0, (a^{\frac{5 \cdot 3^t+3}{2}} b^{\frac{3^t+1}{2}})_1, (a^{\frac{5 \cdot 3^t+3}{2}} b^{\frac{3^t-1}{2}})_0)$,

(13) $(1_0, (a^{\frac{5 \cdot 3^t+3}{2}} b^{\frac{3^t+1}{2}})_1, (a^{\frac{5 \cdot 3^t+1}{2}} b^{\frac{3^t+1}{2}})_0)$,

(14) $(1_0, (a^{\frac{5 \cdot 3^t+3}{2}} b^{\frac{3^t+1}{2}})_1, (a^2)_0)$,

(15) $(1_0, (a^{\frac{5 \cdot 3^t+3}{2}} b^{\frac{3^t+1}{2}})_1, (a^{\frac{3^{t+1}+1}{2}} b^{\frac{3^t-1}{2}})_0)$,

(16) $(1_0, a_1, a_0)$,

(17) $(1_0, a_1, (a^{3^t+1} b^{3^t-1})_0)$,

(18) $(1_0, a_1, (a^{\frac{5 \cdot 3^t-3}{2}} b^{\frac{3^t-1}{2}})_0)$,

(19) $(1_0, a_1, (a^{\frac{5 \cdot 3^t+3}{2}} b^{\frac{3^t-1}{2}})_0)$,

(20) $(1_0, a_1, (b^{-1})_0)$,

(21) $(1_0, (a^{\frac{3^t-1}{2}}b^{\frac{3^t+1}{2}})_1, (a^{\frac{3^t-1}{2}}b^{\frac{3^t+1}{2}})_0)$,

(22) $(1_0, (a^{\frac{3^t-1}{2}}b^{\frac{3^t+1}{2}})_1, (a^{\frac{3^{t+1}-1}{2}}b^{\frac{3^t-1}{2}})_0)$,

(23) $(1_0, (a^{\frac{3^t-1}{2}}b^{\frac{3^t+1}{2}})_1, (a^{-2})_0)$,

(24) $(1_0, (a^{\frac{3^t-1}{2}}b^{\frac{3^t+1}{2}})_1, (a^{\frac{3^t-3}{2}}b^{\frac{3^t+1}{2}})_0)$,

(25) $(1_0, (a^{\frac{3^t-1}{2}}b^{\frac{3^t+1}{2}})_1, (a^{\frac{3^t-3}{2}}b^{\frac{3^t-1}{2}})_0)$,

(26) $(1_0, (ab)_1, (ab)_0)$,

(27) $(1_0, (ab)_1, (a^{3^t+1})_0)$,

(28) $(1_0, (ab)_1, (a^{\frac{5\cdot 3^t-1}{2}}b^{\frac{3^t+1}{2}})_0)$,

(29) $(1_0, (ab)_1, b_0)$,

(30) $(1_0, (ab)_1, (a^{\frac{5\cdot 3^t+3}{2}}b^{\frac{3^t+1}{2}})_0)$.

图 Δ_t 中以点 $u = 1_1$ 为起始点的 2-弧 (u, v, w) 为以下 2-弧之一:

(1) $(1_1, 1_0, b_1)$,

(2) $(1_1, 1_0, (a^{\frac{5\cdot 3^t+3}{2}}b^{\frac{3^t+1}{2}})_1)$,

(3) $(1_1, 1_0, a_1)$,

(4) $(1_1, 1_0, (a^{\frac{3^t-1}{2}}b^{\frac{3^t+1}{2}})_1)$,

(5) $(1_1, 1_0, (ab)_1)$,

(6) $(1_1, (b^{-1})_0, (b^{-1})_1)$,

(7) $(1_1, (b^{-1})_0, (a^{\frac{5\cdot 3^t+3}{2}}b^{\frac{3^t-1}{2}})_1)$,

(8) $(1_1, (b^{-1})_0, (ab^{-1})_1)$,

(9) $(1_1, (b^{-1})_0, (a^{\frac{3^t-1}{2}}b^{\frac{3^t-1}{2}})_1)$,

(10) $(1_1, (b^{-1})_0, a_1)$,

(11) $(1_1, (a^{\frac{3^t-3}{2}}b^{\frac{3^t-1}{2}})_0, (a^{\frac{3^t-3}{2}}b^{\frac{3^t-1}{2}})_1)$,

(12) $(1_1, (a^{\frac{3^t-3}{2}}b^{\frac{3^t-1}{2}})_0, (a^{\frac{3^t-3}{2}}b^{\frac{3^t+1}{2}})_1)$,

(13) $(1_1, (a^{\frac{3^t-3}{2}}b^{\frac{3^t-1}{2}})_0, (a^{\frac{3^t-1}{2}}b^{\frac{3^t-1}{2}})_1)$,

(14) $(1_1, (a^{\frac{3^t-3}{2}}b^{\frac{3^t-1}{2}})_0, (a^{3^t-2})_1)$,

(15) $(1_1, (a^{\frac{3^t-3}{2}}b^{\frac{3^t-1}{2}})_0, (a^{\frac{3^t-1}{2}}b^{\frac{3^t+1}{2}})_1)$,

(16) $(1_1, (a^{-1})_0, (a^{-1})_1)$,

(17) $(1_1, (a^{-1})_0, (a^{3^t-1}b)_1)$,

(18) $(1_1, (a^{-1})_0, (a^{\frac{3^{t+1}+1}{2}}b^{\frac{3^t+1}{2}})_1)$,

(19) $(1_1, (a^{-1})_0, (a^{\frac{5\cdot 3^t-3}{2}}b^{\frac{3^t+1}{2}})_1)$,

(20) $(1_1, (a^{-1})_0, (a^{3^t}b)_1)$,

(21) $(1_1, (a^{\frac{3^t+1}{2}}b^{\frac{3^t-1}{2}})_0, (a^{\frac{3^t+1}{2}}b^{\frac{3^t-1}{2}})_1)$,

(22) $(1_1, (a^{\frac{3^t+1}{2}}b^{\frac{3^t-1}{2}})_0, (a^{\frac{3^{t+1}+1}{2}}b^{\frac{3^t+1}{2}})_1)$,

(23) $(1_1, (a^{\frac{3^t+1}{2}}b^{\frac{3^t-1}{2}})_0, (a^{2\cdot 3^t+2})_1)$,

(24) $(1_1, (a^{\frac{3^t+1}{2}}b^{\frac{3^t-1}{2}})_0, (a^{\frac{3^t+3}{2}}b^{\frac{3^t-1}{2}})_1)$,

(25) $(1_1, (a^{\frac{3^t+1}{2}}b^{\frac{3^t-1}{2}})_0, (a^{\frac{3^{t+1}+3}{2}}b^{\frac{3^t+1}{2}})_1)$,

(26) $(1_1, (a^{2\cdot 3^t-1}b^{-1})_0, (a^{2\cdot 3^t-1}b^{-1})_1)$,

(27) $(1_1, (a^{2\cdot 3^t-1}b^{-1})_0, (a^{-1})_1)$,

(28) $(1_1, (a^{2\cdot 3^t-1}b^{-1})_0, (a^{\frac{3^t+1}{2}}b^{\frac{3^t-1}{2}})_1)$,

(29) $(1_1, (a^{2\cdot 3^t-1}b^{-1})_0, (a^{2\cdot 3^t}b^{-1})_1)$,

(30) $(1_1, (a^{2\cdot 3^t-1}b^{-1})_0, (a^{\frac{3^{t+1}-3}{2}}b^{\frac{3^t-1}{2}})_1)$.

证明 根据双凯莱图的定义, 我们可以得到图 Δ_t 中以点 $u = 1_0$ 或 1_1 为起始点的 2-弧 (u, v, w) 正如引理所述.

定理 6.3.1 对任意正整数 t, 图 Δ_t 是半对称图.

证明 我们先证明下面的这个论断: 存在 $\alpha \in \mathrm{Aut}\,(\mathcal{G}_t)$ 使得 $a^\alpha = a^{\frac{3^{t+1}-1}{2}}b^{\frac{3^t-1}{2}}$ 且 $b^\alpha = a^{\frac{5\cdot 3^t+3}{2}}b^{\frac{3^t-1}{2}}$.

令 $x = a^{\frac{3^{t+1}-1}{2}}b^{\frac{3^t-1}{2}}$, $y = a^{\frac{5\cdot 3^t+3}{2}}b^{\frac{3^t-1}{2}}$. 则有

$$xy^{-1} = a^{\frac{3^{t+1}-1}{2}}b^{\frac{3^t-1}{2}} \cdot b^{-\frac{3^t-1}{2}}a^{-\frac{5\cdot 3^t+3}{2}} = a^{-3^t-2}.$$

这说明 $a \in \langle x, y \rangle$. 并且有

$$(a^{\frac{1-3^{t+1}}{2}}x)^2 = (a^{\frac{1-3^{t+1}}{2}}a^{\frac{3^{t+1}-1}{2}}b^{\frac{3^t-1}{2}})^2 = b^{-1}.$$

这推出 $b \in \langle x, y \rangle$, 从而 $\langle a, b \rangle = \langle x, y \rangle$.

根据引理 2.5.2(2), 我们有 $x^{3^{t+1}} = (a^{\frac{3^{t+1}-1}{2}}b^{\frac{3^t-1}{2}})^{3^{t+1}} = 1$ 且 $y^{3^t} = (a^{\frac{5\cdot 3^t+3}{2}}b^{\frac{3^t-1}{2}})^{3^t} = 1$. 进一步的, 由引理 2.5.1(1) 及引理 2.5.2(1) 和引理 2.5.2(5) 可以得到

$$x^{1+3^t} = (a^{\frac{3^{t+1}-1}{2}}b^{\frac{3^t-1}{2}})^{1+3^t} = a^{\frac{3^{t+1}-1}{2}\cdot(1+3^t)}b^{\frac{3^t-1}{2}}$$

$$= a^{\frac{3^{2t+1}+2\cdot 3^t-1}{2}}b^{\frac{3^t-1}{2}} = a^{\frac{5\cdot 3^t-1}{2}}b^{\frac{3^t-1}{2}},$$

且

$$
\begin{aligned}
y^{-1}xy &= (a^{\frac{5\cdot 3^t+3}{2}}b^{\frac{3^t-1}{2}})^{-1}(a^{\frac{3^{t+1}-1}{2}}b^{\frac{3^t-1}{2}})(a^{\frac{5\cdot 3^t+3}{2}}b^{\frac{3^t-1}{2}}) \\
&= (b^{\frac{1-3^t}{2}}a^{-\frac{5\cdot 3^t+3}{2}+\frac{3^{t+1}-1}{2}}b^{\frac{3^t-1}{2}})(a^{\frac{5\cdot 3^t+3}{2}}b^{\frac{3^t-1}{2}}) \\
&= b^{\frac{1-3^t}{2}}(a^{-2-3^t}b^{\frac{3^t-1}{2}})(a^{\frac{5\cdot 3^t+3}{2}}b^{\frac{3^t-1}{2}}) \\
&= b^{\frac{1-3^t}{2}}(b^{\frac{3^t-1}{2}}a^{(-2-3^t)\cdot(1+3^t)^{\frac{3^t-1}{2}}})(a^{\frac{5\cdot 3^t+3}{2}}b^{\frac{3^t-1}{2}}) \\
&= a^{(-2-3^t)(1+\frac{3^t-1}{2}\cdot 3^t)+\frac{5\cdot 3^t+3}{2}}b^{\frac{3^t-1}{2}} \\
&= a^{\frac{5\cdot 3^t-1}{2}}b^{\frac{3^t-1}{2}} \\
&= x^{1+3^t}.
\end{aligned}
$$

因此 x 和 y 满足关系 $x^{3^{t+1}}=y^{3^t}=1$ 和 $y^{-1}xy=x^{1+3^t}$. 这说明映射 $\alpha\colon a\mapsto x,\, b\mapsto y$ 是 $\mathcal{G}_t$ 的一个群自同构, 从而上述论断成立.

下面我们将完成引理的证明. 根据上述论断, 存在 $\alpha\in\mathrm{Aut}\,(\mathcal{G}_t)$ 使得 $a^\alpha=a^{\frac{3^{t+1}-1}{2}}b^{\frac{3^t-1}{2}}$ 且 $b^\alpha=a^{\frac{5\cdot 3^t+3}{2}}b^{\frac{3^t-1}{2}}$. 再由引理 2.5.1(2) 及引理 2.5.2(2),(4),(5), 我们有

$$
\begin{aligned}
(a^{\frac{5\cdot 3^t+3}{2}}b^{\frac{3^{t+1}}{2}})^\alpha &= (a^{\frac{3^{t+1}-1}{2}}b^{\frac{3^t-1}{2}})^{\frac{5\cdot 3^t+3}{2}}(a^{\frac{5\cdot 3^t+3}{2}}b^{\frac{3^t-1}{2}})^{\frac{3^{t+1}}{2}} \\
&= a^{\frac{3^{t+1}-1}{2}\cdot\frac{5\cdot 3^t+3}{2}+\frac{5\cdot 3^t+3}{2}\cdot\frac{3^{t+1}}{2}}b^{\frac{3^t-1}{2}\cdot\frac{5\cdot 3^t+3}{2}+\frac{3^t-1}{2}\cdot\frac{3^{t+1}}{2}} \\
&= a^{\frac{5\cdot 3^t+3}{2}(\frac{3^{t+1}-1}{2}+\frac{3^{t+1}}{2})}b^{\frac{3^t-1}{2}(\frac{5\cdot 3^t+3}{2}+\frac{3^{t+1}}{2})} \\
&= b^{-1}, \\
(a^{\frac{3^t-1}{2}}b^{\frac{3^{t+1}}{2}})^\alpha &= (a^{\frac{3^{t+1}-1}{2}}b^{\frac{3^t-1}{2}})^{\frac{3^t-1}{2}}(a^{\frac{5\cdot 3^t+3}{2}}b^{\frac{3^t-1}{2}})^{\frac{3^{t+1}}{2}} \\
&= a^{\frac{3^{t+1}-1}{2}\cdot\frac{3^t-1}{2}+\frac{5\cdot 3^t+3}{2}\cdot\frac{3^{t+1}}{2}}b^{\frac{3^t-1}{2}\cdot\frac{3^t-1}{2}+\frac{3^t-1}{2}\cdot\frac{3^{t+1}}{2}} \\
&= a^{\frac{3^{t+1}-1}{2}\cdot\frac{3^t-1}{2}+(\frac{1-3^t}{2}+1)\cdot\frac{3^{t+1}}{2}}b^{\frac{3^t-1}{2}\cdot(\frac{3^t-1}{2}+\frac{3^{t+1}}{2})} \\
&= a^{\frac{3^t-1}{2}\cdot(\frac{3^{t+1}-1}{2}-\frac{3^{t+1}}{2})+\frac{3^{t+1}}{2}} \\
&= a^{3^t+1},
\end{aligned}
$$

$$(ab)^\alpha = (a^{\frac{3^{t+1}-1}{2}}b^{\frac{3^t-1}{2}})(a^{\frac{5\cdot 3^t+3}{2}}b^{\frac{3^t-1}{2}}) = a^{\frac{3^{t+1}-1}{2}+\frac{5\cdot 3^t+3}{2}}b^{\frac{3^t-1}{2}+\frac{3^t-1}{2}} = a^{3^t+1}b^{-1},$$

$$b^{-1}a^{\frac{3^t-1}{2}}b^{\frac{3^t+1}{2}} = a^{\frac{3^t-1}{2}(1+3^t)}b^{\frac{3^t+1}{2}-1} = a^{\frac{3^{2t}-3^{t+1}+3^{t+1}-1}{2}}b^{\frac{3^t-1}{2}} = a^{\frac{3^{t+1}-1}{2}}b^{\frac{3^t-1}{2}}.$$

于是有

$$T_t^{\alpha} = \{1^\alpha, b^\alpha, (a^{\frac{5\cdot 3^t+3}{2}}b^{\frac{3^t+1}{2}})^\alpha, a^\alpha, (a^{\frac{3^t-1}{2}}b^{\frac{3^t+1}{2}})^\alpha, (ab)^\alpha\}$$

$$= \{1, a^{\frac{5\cdot 3^t+3}{2}}b^{\frac{3^t-1}{2}}, b^{-1}, a^{\frac{3^{t+1}-1}{2}}b^{\frac{3^t-1}{2}}, a^{3^t+1}, a^{3^t+1}b^{-1}\}$$

$$= b^{-1}T_t.$$

根据命题 2.3.2 可得 $\sigma_{\alpha,b}$ 是 Δ_t 的一个稳定 1_0 的图自同构. 进一步的, 由引理 2.5.1(2) 及引理 2.5.2(1),(4), 我们可以得到 $1_1^{\sigma_{\alpha,b}} = b_1$,

$$b_1^{\sigma_{\alpha,b}} = (ba^{\frac{5\cdot 3^t+3}{2}}b^{\frac{3^t-1}{2}})_1 = (a^{\frac{5\cdot 3^t+3}{2}}b^{\frac{3^t+1}{2}})_1,$$

$$(a^{\frac{5\cdot 3^t+3}{2}}b^{\frac{3^t+1}{2}})_1^{\sigma_{\alpha,b}} = (b(a^{\frac{5\cdot 3^t+3}{2}}b^{\frac{3^t+1}{2}})^\alpha)_1 = (bb^{-1})_1 = 1_1,$$

$$a_1^{\sigma_{\alpha,b}} = (ba^{\frac{3^{t+1}-1}{2}}b^{\frac{3^t-1}{2}})_1 = (a^{\frac{3^{t+1}-1}{2}(1-3^t)}b^{\frac{3^t-1}{2}+1})_1 = (a^{\frac{3^t-1}{2}}b^{\frac{3^t+1}{2}})_1,$$

$$(a^{\frac{3^t-1}{2}}b^{\frac{3^t+1}{2}})_1^{\sigma_{\alpha,b}} = (b\cdot(a^{\frac{3^t-1}{2}}b^{\frac{3^t+1}{2}})^\alpha)_1 = (b\cdot a^{3^t+1})_1 = (ab)_1,$$

$$(ab)_1^{\sigma_{\alpha,b}} = (b\cdot(ab)^\alpha)_1 = (b\cdot a^{3^t+1}b^{-1})_1 = (abb^{-1})_1 = a_1.$$

因此, $\sigma_{\alpha,b}$ 作用在点 1_0 的邻域上恰好有两个轨道, 记这两个轨道为 O_1 和 O_2, 其中 $O_1 = \{1_1, b_1, (a^{\frac{5\cdot 3^t+3}{2}}b^{\frac{3^t+1}{2}})_1\}$ 且 $O_2 = \{a_1, (a^{\frac{3^t-1}{2}}b^{\frac{3^t+1}{2}})_1, (ab)_1\}$. 容易验证映射 $\beta : a \mapsto a^{-1}, b \mapsto b$ 诱导出 $\mathcal{G}_t$ 的一个自同构且 $T_t^\beta = a^{-1}T_t$. 于是由命题 2.3.2 可得, $\sigma_{\beta,a}$ 是 Δ_t 的稳定点 1_0 的一个自同构且互变轨道 O_1 和 O_2. 令 $B = \mathcal{R}(\mathcal{G}_t) \rtimes \langle \sigma_{\alpha,b}, \sigma_{\beta,a} \rangle$. 则 B 作用在 Δ_t 的边集上正则, 从而 Δ_t 边传递.

如果 $t = 1$, 则根据 MAGMA[73] 计算, 我们得到 Δ_1 不点传递, 从而 Δ_1 是半对称图, 正如定理所述.

如果 $t \geqslant 2$, 则根据引理 6.3.1, 我们可以找出图 Δ_t 中所有包含点 $u = 1_0$ 或 1_1 的 4-圈, 正如图 6.1, 其中

$$x_1 = 1_1, \qquad x_2 = a_1, \qquad x_3 = (a^{\frac{5\cdot 3^t+3}{2}} b^{\frac{3^t+1}{2}})_1,$$

$$x_4 = (ab)_1, \qquad x_5 = b_1, \qquad x_6 = (a^{\frac{3^t-1}{2}} b^{\frac{3^t+1}{2}})_1,$$

$$y_1 = (b^{-1})_0, \qquad y_2 = (a^{\frac{5\cdot 3^t+3}{2}} b^{\frac{3^t-1}{2}})_0, \quad y_3 = (a^{\frac{5\cdot 3^t+3}{2}} b^{\frac{3^t+1}{2}})_0,$$

$$y_4 = b_0, \qquad y_5 = (a^{\frac{3^t-3}{2}} b^{\frac{3^t+1}{2}})_0, \quad y_6 = (a^{\frac{3^t-3}{2}} b^{\frac{3^t-1}{2}})_0,$$

$$u_1 = 1_0, \qquad u_2 = (b^{-1})_0, \qquad u_3 = (a^{\frac{3^t-3}{2}} b^{\frac{3^t-1}{2}})_0,$$

$$u_4 = (a^{-1})_0, \qquad u_5 = (a^{\frac{3^t+1}{2}} b^{\frac{3^t-1}{2}})_0, \quad u_6 = (a^{2\cdot 3^t-1} b^{3^t-1})_0,$$

$$v_1 = a_1, \qquad v_2 = (a^{\frac{3^t-1}{2}} b^{\frac{3^t-1}{2}})_1, \quad v_3 = (a^{\frac{3^t-1}{2}} b^{\frac{3^t+1}{2}})_1,$$

$$v_4 = (a^{\frac{3^{t+1}+1}{2}} b^{\frac{3^t+1}{2}})_1, \quad v_5 = (a^{\frac{3^t+1}{2}} b^{\frac{3^t-1}{2}})_1, \quad v_6 = (a^{-1})_1.$$

根据图 6.1 可以看到, 图 Δ_t 中存在一个 12-圈 $(1_1, x_1, y_1, x_2, y_2, x_3, y_3, x_4, y_4,$ $x_5, y_5, x_6, 1_1)$ 经过点 1_1 和它的六个邻点. 然而, 图 Δ_t 中不存在经过点 1_0 和它的六个邻点的 12-圈. 这说明 Δ_t 不是点传递图, 从而 Δ_t 是半对称图.

6.4 本 章 小 结

本章通过亚循环 p-群上的连通六度双凯莱图构造了三个半对称图的无限类. 这些无限类是目前知道的第一个阶为 $2\cdot 3^n$ 的六度半对称图的无限类, 其中 n 为正整数.

第 7 章

循环图的稳定性

本书上一章利用双凯莱图构造了半对称图的无限类。事实上, 不仅可以利用双凯莱图来构造一些具有特殊对称性的图类, 而且可以通过双凯莱图的全自同构群确定对应凯莱图的稳定性. 本章研究一类特殊的凯莱图—循环图的稳定性. 称图 Γ 与完全图 K_2 的直积为 Γ 的标准双重覆盖, 记为 $\mathrm{D}(\Gamma)$, 其中两个图直积的定义在本章第 7.1.1 节中给出. 如果 $\mathrm{Aut}\,(\mathrm{D}(\Gamma)) \cong \mathrm{Aut}\,(\Gamma) \times \mathbb{Z}_2$, 那么称图 Γ 是稳定的; 否则称图 Γ 是不稳定的.

一般地, 要决定一个图是否是稳定的是比较困难的. 但容易验证下列图都是不稳定的: 不连通图; 具有非平凡自同构的二部图; 存在具有相同邻域的不同顶点的图 (参见文献 [66] 的命题 4.1). 如果一个图中任意两个不同顶点都具有不同邻域, 则称该图是点决定的. 基于以上观察, 如果一个图是连通非二部的点决定不稳定图, 那么称这个图是非平凡不稳定的. 在研究图的稳定性时, 我们主要关心图的非平凡不稳定性. 本章研究循环图的稳定性.

7.1 乘积图与笛卡尔骨架

令 $n \geqslant 1$. 我们用 $\overline{K}_n$ 表示 n 个点的空图, 用 $K_{n,n}$ 表示 (n,n)-型完全二部图. 跟往常一样, 我们用 $X \subsetneq Y$ 表示 X 是集合 Y 的真子集.

7.1.1 乘积图

首先介绍两个图的直积, 字典式积和笛卡尔积. 令 Σ 和 Γ 是任意两个图. 则规定 Σ 和 Γ 的直积 $\Sigma \times \Gamma$ 为具有顶点集合 $V(\Sigma) \times V(\Gamma)$ 的图, 满足: 对任意 $(u,x),(v,y) \in V(\Sigma) \times V(\Gamma)$, $(u,x) \sim (v,y)$ 当且仅当 $u \sim v$ 且 $x \sim y$. 再规定 Σ 和 Γ 的字典式积 $\Sigma[\Gamma]$ 为具有顶点集合 $V(\Sigma) \times V(\Gamma)$ 的图, 满足: 对任意 $(u,x),(v,y) \in V(\Sigma) \times V(\Gamma)$, $(u,x) \sim (v,y)$ 当且仅当 $u \sim v$, 或者 $u = v$ 且 $x \sim y$. 最后规定 Σ 和 Γ 的笛卡尔积 $\Sigma \square \Gamma$ 为具有顶点集合 $V(\Sigma) \times V(\Gamma)$ 的图, 满足: 对任意 $(u,x),(v,y) \in V(\Sigma) \times V(\Gamma)$, $(u,x) \sim (v,y)$ 当且仅当 $u \sim v$ 且 $x = y$, 或者 $u = v$ 且 $x \sim y$.

例 7.1 对任意的图 Σ 和整数 $d > 1$, 直积图 $\Sigma \times K_d$ 同构于图 $\Sigma[\overline{K_d}] - d\Sigma$.

例 7.2 对于 $n \geqslant 3$, 我们有 $K_n \times K_2 \cong K_2 \times K_n \cong K_2[\overline{K_n}] - nK_2 \cong K_{n,n} - nK_2$. 因此, $\mathrm{Aut}(K_n \times K_2) = \mathrm{S}_n \times \mathbb{Z}_2 = \mathrm{Aut}(K_n) \times \mathbb{Z}_2$. 这说明 K_n 是稳定的.

引理 7.1.1 令 Σ 和 Γ 是任意两个图. 则图 $\Sigma \times \Gamma$ 是点决定的当且仅当 Σ 和 Γ 都是点决定的.

证明 由以下观察即可证明本引理: 对任意 $u \in V(\Sigma)$ 和 $x \in V(\Gamma)$, 点 (u,x) 在图 $\Sigma \times \Gamma$ 中的邻域为 $N_\Sigma(u) \times N_\Gamma(x)$.

引理 7.1.2 令 Σ 是一个有边的图, d 是一个大于 1 的整数. 则 $\Sigma[\overline{K_d}]$ 不是点决定的.

证明 设 u 是图 Σ 中任意一点. 则对任意 $x \in V(\overline{K_d})$, 点 (u,x) 在 $\Sigma[\overline{K_d}]$ 中的邻域为 $N_\Sigma(u) \times V(\overline{K_d})$. 因此, 对于 $\overline{K_d}$ 中两个不同的点 x 和 y, 我们有点 (u,x) 和点 (u,y) 在 $\Sigma[\overline{K_d}]$ 中具有相同的邻域. 因此, $\Sigma[\overline{K_d}]$ 不是点决定的.

7.1.2 笛卡尔骨架

规定图 Γ 的布尔方 $\mathrm{B}(\Gamma)$ 为具有顶点集 $V(\Gamma)$ 和边集 $\{\{u,v\} \mid u,v \in V(\Gamma), u \neq v, N_\Gamma(u) \cap N_\Gamma(v) \neq \phi\}$ 的图. 如果 $\{u,v\}$ 是 $\mathrm{B}(\Gamma)$ 的一条边且存在 $w \in V(\Gamma)$ 使得

$$N_\Gamma(u) \cap N_\Gamma(v) \subsetneq N_\Gamma(u) \cap N_\Gamma(w) \quad \text{或} \quad N_\Gamma(u) \subsetneq N_\Gamma(w) \subsetneq N_\Gamma(v)$$

且

$$N_\Gamma(v) \cap N_\Gamma(u) \subsetneq N_\Gamma(v) \cap N_\Gamma(w) \quad \text{或} \quad N_\Gamma(v) \subsetneq N_\Gamma(w) \subsetneq N_\Gamma(u),$$

则称图 $\mathrm{B}(\Gamma)$ 的边 $\{u, v\}$ 为关于 Γ 不可省略的. 规定图 Γ 的笛卡尔骨架 $\mathrm{S}(\Gamma)$ 为 $\mathrm{B}(\Gamma)$ 去掉所有关于 Γ 不可省略的边后的生成子图.

例 7.3 令 $\Gamma = \mathrm{Cay}\,(\mathbb{Z}_8, \{1, 4, 7\})$. 则 $\mathrm{B}(\Gamma) = \mathrm{Cay}\,(\mathbb{Z}_8, \{2, 3, 5, 6\})$ 且 $\mathrm{S}(\Gamma) = \mathrm{Cay}\,(\mathbb{Z}_8, \{3, 5\})$, 如图 7.1 所示, 其中 $\mathrm{B}(\Gamma)$ 的虚线边是关于 Γ 的不可省略边. 事实上, 对任意的虚线边 $\{i, i+2\} \in \mathrm{B}(\Gamma)$, 其中 $i \in \mathbb{Z}_8$, 我们有

$$N_\Gamma(i) \cap N_\Gamma(i+2) = \{i+1\} \subsetneq \{i+1, i+4\} = N_\Gamma(i) \cap N_\Gamma(i+5)$$

且

$$N_\Gamma(i+2) \cap N_\Gamma(i) = \{i+1\} \subsetneq \{i+1, i+6\} = N_\Gamma(i+2) \cap N_\Gamma(i+5),$$

这说明边 $\{i, i+2\}$ 是关于 Γ 的不可省略边.

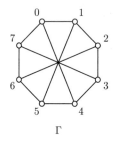 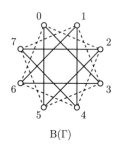 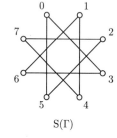

图 7.1 图例

需要注意的是, 文献 [98] 的 8.3 节中定义的 $\mathrm{B}(\Gamma)$ 包含了每个顶点上的自环. 而我们在上述关于 $\mathrm{B}(\Gamma)$ 的定义中不包含每个顶点上的自环, 但这不影响随后的讨论. 我们对于 $\mathrm{S}(\Gamma)$ 的定义与文献 [98] 的 8.3 节一致.

接下来的两个引理分别来自文献 [98] 的命题 8.10 和命题 8.13(i). 其中, 文献 [98] 的 8.2 节中的 R-thin 图就是本书中所定义的点决定图.

引理 7.1.3 如果图 Σ 和图 Γ 都是无孤立点的点决定图, 那么有 $\mathrm{S}(\Sigma \times \Gamma) = \mathrm{S}(\Sigma) \square \mathrm{S}(\Gamma)$.

引理 7.1.4 如果图 Γ 是一个连通非二部图, 那么 $\mathrm{S}(\Gamma)$ 连通.

7.2 奇数阶循环图的稳定性

如果 n 和 S 满足第 1.3 节中的条件 (C.i), 其中 $\mathrm{i} \in \{1,2,3,4\}$, 那么 Wilson 在文献 [72] 的定理 C.i 中断言, 循环图 $\mathrm{Cay}\,(\mathbb{Z}_n, S)$ 是不稳定的. 然而, 通过 MAGMA[73] 搜索, 我们发现了文献 [72] 的定理 C.i 的一个反例. 即, 循环图 $\mathrm{Cay}\,(\mathbb{Z}_{12}, \{3,4,8,9\})$ 满足条件 (C.2), 其中条件 (C.2) 中 $b = 3$, 但该循环图是稳定的. 事实上, 对于 $n = 12$ 和 $b = 3$ 时, 一共存在 31 个连通集 S 满足条件 (C.2), 但其中只有 22 个是不稳定循环图.

定理 7.2.1 每一个奇素数阶的循环图都是稳定的.

证明 设 p 是一个奇素数, $\Gamma = \mathrm{Cay}\,(\mathbb{Z}_p, S)$ 是 $\mathbb{Z}_p$ 上的一个凯莱图, 其中 $S \neq \phi$. 显然, Γ 是连通的非二部图, 从而 $\mathrm{D}(\Gamma)$ 连通 (参见文献 [99] 的定理 3.4). 如果 $\Gamma = K_p$, 则由例 7.2 可知 Γ 是稳定的. 以下假设 Γ 不是完全图. 因为 p 是奇数, 所以 $|S|$ 是介于 1 和 $p - 2$ 之间的一个偶数. 故 $\mathrm{D}(\Gamma)$ 是度数介于 1 和 $p - 2$ 之间的一个连通图. 注意到 $\mathrm{D}(\Gamma) = \Gamma \times K_2 = \mathrm{Cay}\,(\mathbb{Z}_p \times \mathbb{Z}_2, S \times \{1\})$. 从而由 $\mathbb{Z}_p \times \mathbb{Z}_2 \cong \mathbb{Z}_{2p}$ 可推出 $\mathrm{D}(\Gamma)$ 是群 $\mathbb{Z}_{2p}$ 上的一个凯莱图. 因此, 根据文献 [100] 的定理 1.6 可得, 要么 $\mathrm{D}(\Gamma)$ 是群 $\mathbb{Z}_{2p}$ 上的一个正规凯莱图, 要么存在图 Σ 使得 $\mathrm{D}(\Gamma) = \Sigma[\overline{K_2}]$.

首先假设 $\mathrm{D}(\Gamma)$ 是群 $\mathbb{Z}_{2p} = \mathbb{Z}_p \times \mathbb{Z}_2$ 上的一个正规凯莱图. 则

$$\mathrm{Aut}\,(\mathrm{D}(\Gamma)) = R(\mathbb{Z}_p \times \mathbb{Z}_2) \rtimes \mathrm{Aut}\,(\mathbb{Z}_p \times \mathbb{Z}_2, S \times \{1\}). \tag{7.1}$$

因为 p 是奇数, 所以 $\mathrm{Aut}\,(\mathbb{Z}_p \times \mathbb{Z}_2) = \mathrm{Aut}\,(\mathbb{Z}_p) \times \mathrm{Aut}\,(\mathbb{Z}_2)$, 从而

$$\mathrm{Aut}\,(\mathbb{Z}_p \times \mathbb{Z}_2, S \times \{1\}) = \mathrm{Aut}\,(\mathbb{Z}_p, S) \times \mathrm{Aut}\,(\mathbb{Z}_2) = \mathrm{Aut}\,(\mathbb{Z}_p, S) \times 1.$$

这结合 (7.1) 可推出

$$|\mathrm{Aut}\,(\mathrm{D}(\Gamma))| = 2p|\mathrm{Aut}\,(\mathbb{Z}_p, S)| = 2|\mathcal{R}(\mathbb{Z}_p) \rtimes \mathrm{Aut}\,(\mathbb{Z}_p, S)| \leqslant |\mathrm{Aut}\,(\Gamma) \times \mathbb{Z}_2|.$$

再由 (5.3), 我们有 $\mathrm{Aut}\,(\mathrm{D}(\Gamma)) = \mathrm{Aut}\,(\Gamma) \times \mathbb{Z}_2$. 故 Γ 是稳定的.

其次假设 $\mathrm{D}(\Gamma) = \Sigma[\overline{K_2}]$, 其中 Σ 是一个图. 则 $E(\Sigma) \neq \phi$, 从而由引理 7.1.2 可得 $\mathrm{D}(\Gamma)$ 不是点决定的. 又因为 $\mathrm{D}(\Gamma) = \Gamma \times K_2$ 且 K_2 是点决定的, 这结合引

理 7.1.1 可推出 Γ 不是点决定的. 故存在群 $\mathbb{Z}_p$ 中两个不同的元素 a 和 b, 使得点 a 和点 b 在图 $\mathrm{Cay}(\mathbb{Z}_p, S)$ 中具有相同的邻域. 这意味着 $S + a = S + b$, 即 $S + (a - b) = S$. 注意到 $\langle a - b \rangle = \mathbb{Z}_p$. 因此我们有 $S = \mathbb{Z}_p$, 矛盾. 这完成了引理的证明.

7.3 弧传递循环图的稳定性

根据文献 [66] 的命题 4.2 或文献 [68] 的定理 3.2, 我们有下面的引理.

引理 7.3.1　图 Γ 是不稳定的当且仅当存在 $V(\Gamma)$ 上的两个不同的置换 α 和 β, 使得对任意 $u, v \in V(\Gamma)$, 都有

$$u \sim v \Leftrightarrow u^\alpha \sim v^\beta. \tag{7.2}$$

我们已经在本章第 7.1.2 节中给出了图 Γ 的布尔方 $\mathrm{B}(\Gamma)$ 和笛卡尔骨架 $\mathrm{S}(\Gamma)$ 的定义. 下面我们给出关于布尔方和笛卡尔骨架的一个引理.

引理 7.3.2　令 Γ 是一个图, α 和 β 是 $V(\Gamma)$ 的两个置换 (允许 $\alpha = \beta$) 且对任意 $u, v \in V(\Gamma)$, α 和 β 都满足 (7.2) 式. 则下列论断成立:

(a) 对任意 $w \in V(\Gamma)$, 都有 $N_\Gamma(w^\alpha) = (N_\Gamma(w))^\beta$ 且 $N_\Gamma(w^\beta) = (N_\Gamma(w))^\alpha$;

(b) $\alpha, \beta \in \mathrm{Aut}(\mathrm{B}(\Gamma))$;

(c) $\alpha, \beta \in \mathrm{Aut}(\mathrm{S}(\Gamma))$.

证明　令 $x \in N_\Gamma(w^\alpha)$. 则 $\{w^\alpha, x\} \in E(\Gamma)$. 因为 β 是 $V(\Gamma)$ 的一个置换, 所以存在 $u \in V(\Gamma)$ 使得 $x = u^\beta$. 于是由 (7.2) 式可得 $\{w, u\} \in E(\Gamma)$, 这意味着 $u \in N_\Gamma(w)$. 因此 $x = u^\beta \in (N_\Gamma(w))^\beta$. 这说明 $N_\Gamma(w^\alpha) \subseteq (N_\Gamma(w))^\beta$. 令 $y \in (N_\Gamma(w))^\beta$. 则存在 $v \in N_\Gamma(w)$ 使得 $y = v^\beta$. 由 $\{w, v\} \in E(\Gamma)$ 及 (7.2) 式可得 $\{w^\alpha, v^\beta\} \in E(\Gamma)$, 从而 $y = v^\beta \in N_\Gamma(w^\alpha)$. 这推出 $(N_\Gamma(w))^\beta \subseteq N_\Gamma(w^\alpha)$. 因此 $N_\Gamma(w^\alpha) = (N_\Gamma(w))^\beta$. 类似的, 我们有 $N_\Gamma(w^\beta) = (N_\Gamma(w))^\alpha$, 从而论断 (a) 成立.

对 $u, v \in V(\Gamma)$, 由论断 (a) 可得

$$(N_\Gamma(u) \cap N_\Gamma(v))^\beta = (N_\Gamma(u))^\beta \cap (N_\Gamma(v))^\beta = N_\Gamma(u^\alpha) \cap N_\Gamma(v^\alpha), \tag{7.3}$$

从而

$$\{u, v\} \in E(\mathrm{B}(\Gamma)) \Leftrightarrow N_\Gamma(u) \cap N_\Gamma(v) \neq \phi$$

$$\Leftrightarrow (N_\Gamma(u) \cap N_\Gamma(v))^\beta \neq \phi$$

$$\Leftrightarrow N_\Gamma(u^\alpha) \cap N_\Gamma(v^\alpha) \neq \phi$$

$$\Leftrightarrow \{u^\alpha, v^\alpha\} \in E(\mathrm{B}(\Gamma)).$$

故 $\alpha \in \mathrm{Aut}\,(\mathrm{B}(\Gamma))$. 类似的, 我们有 $\beta \in \mathrm{Aut}\,(\mathrm{B}(\Gamma))$, 从而论断 (b) 成立.

因为 $\alpha \in \mathrm{Aut}\,(\mathrm{B}(\Gamma))$ 且 Γ 具有有限个顶点, 为了证明 $\alpha \in \mathrm{Aut}\,(\mathrm{S}(\Gamma))$, 我们只需证明对任意 $\{u,v\} \in E(\mathrm{B}(\Gamma)) \backslash E(\mathrm{S}(\Gamma))$, 都有 $\{u^\alpha, v^\alpha\} \in E(\mathrm{B}(\Gamma)) \backslash E(\mathrm{S}(\Gamma))$. 令 $\{u,v\}$ 是 $\mathrm{B}(\Gamma)$ 的一条边且关于图 Γ 是不可省略边. 则存在 $w \in V(\Gamma)$ 使得

$$N_\Gamma(u) \cap N_\Gamma(v) \subsetneqq N_\Gamma(u) \cap N_\Gamma(w) \quad \text{或} \quad N_\Gamma(u) \subsetneqq N_\Gamma(w) \subsetneqq N_\Gamma(v) \qquad (7.4)$$

且

$$N_\Gamma(v) \cap N_\Gamma(u) \subsetneqq N_\Gamma(v) \cap N_\Gamma(w) \quad \text{或} \quad N_\Gamma(v) \subsetneqq N_\Gamma(w) \subsetneqq N_\Gamma(u). \qquad (7.5)$$

于是由 (7.4) 式可得

$$(N_\Gamma(u) \cap N_\Gamma(v))^\beta \subsetneqq (N_\Gamma(u) \cap N_\Gamma(w))^\beta \quad \text{或} \quad (N_\Gamma(u))^\beta \subsetneqq (N_\Gamma(w))^\beta \subsetneqq (N_\Gamma(v))^\beta.$$

再由 (7.3) 式和论断 (a) 可得,

$$N_\Gamma(u^\alpha) \cap N_\Gamma(v^\alpha) \subsetneqq N_\Gamma(u^\alpha) \cap N_\Gamma(w^\alpha) \quad \text{或} \quad N_\Gamma(u^\alpha) \subsetneqq N_\Gamma(w^\alpha) \subsetneqq N_\Gamma(v^\alpha).$$

类似的, 我们可以根据 (7.5) 式推出

$$N_\Gamma(v^\alpha) \cap N_\Gamma(u^\alpha) \subsetneqq N_\Gamma(v^\alpha) \cap N_\Gamma(w^\alpha) \quad \text{或} \quad N_\Gamma(v^\alpha) \subsetneqq N_\Gamma(w^\alpha) \subsetneqq N_\Gamma(u^\alpha).$$

因此, $\{u^\alpha, v^\alpha\}$ 是 $\mathrm{B}(\Gamma)$ 的一条边且关于图 Γ 是不可省略边. 这说明 $\alpha \in \mathrm{Aut}\,(\mathrm{S}(\Gamma))$. 类似的, 我们有 $\beta \in \mathrm{Aut}\,(\mathrm{S}(\Gamma))$, 从而论断 (c) 成立.

下面的引理对完成定理 7.3.1 的证明至关重要, 该定理本身也具有重要意义.

引理 7.3.3 令 Σ 是一个 m 阶图, $d > 2$ 是一个与 m 互素的整数. 如果图 $\Sigma \times K_d$ 是非平凡不稳定的, 那么图 Σ 也是非平凡不稳定的.

证明 令 $\Gamma = \Sigma \times K_d$. 假设图 Γ 是非平凡不稳定的. 因为图 Γ 连通, 所以图 Σ 连通. 因为图 Γ 是非二部图, 所以图 Γ 中包含奇圈, 从而图 Σ 中也包含奇

圈, 这说明 Σ 也是一个非二部图. 进一步的, 因为图 Γ 是点决定的, 我们由引理 7.1.1 可推出图 Σ 也是点决定的. 因此, 为完成本引理的证明, 我们接下来只需证明图 Σ 是不稳定的.

因图 Γ 是不稳定的, 这结合引理 7.3.1 可得, 存在 $\alpha, \beta \in \mathrm{Sym}(V(\Gamma))$ 且 $\alpha \neq \beta$ 使得对任意 $u, v \in V(\Gamma)$, 都有 $u \sim v$ 当且仅当 $u^\alpha \sim v^\beta$. 于是根据引理 7.3.2(c), 我们有 $\alpha, \beta \in \mathrm{Aut}\,(\mathrm{S}(\Gamma))$. 由于图 Σ 和 K_d 都是连通且点决定的, 故根据引理 7.1.3 可推出

$$\mathrm{S}(\Gamma) = \mathrm{S}(\Sigma \times K_d) = \mathrm{S}(\Sigma)\square\mathrm{S}(K_d) = \mathrm{S}(\Sigma)\square K_d.$$

又因为图 Σ 是连通且非二部图, 由引理 7.1.4 可得 $\mathrm{S}(\Sigma)$ 是连通图. 注意到

$$\gcd(|V(\mathrm{S}(\Sigma))|, |V(K_d)|) = \gcd(m, d) = 1.$$

这结合文献 [98] 的推论 6.12 可推出

$$\mathrm{Aut}\,(\mathrm{S}(\Gamma)) = \mathrm{Aut}\,(\mathrm{S}(\Sigma)\square K_d) = \mathrm{Aut}\,(\mathrm{S}(\Sigma)) \times \mathrm{Aut}\,(K_d).$$

因此有 $\alpha = (\alpha_1, \alpha_2)$ 且 $\beta = (\beta_1, \beta_2)$, 其中 $\alpha_1, \beta_1 \in \mathrm{Sym}(V(\Sigma))$ 且 $\alpha_2, \beta_2 \in \mathrm{Sym}(V(K_d))$. 对 $u_1, u_2 \in V(\Sigma)$ 及 $v_1, v_2 \in V(K_d)$, 我们有

$$(u_1, v_1) \sim (u_2, v_2) \Leftrightarrow (u_1, v_1)^\alpha \sim (u_2, v_2)^\beta \Leftrightarrow (u_1^{\alpha_1}, v_1^{\alpha_2}) \sim (u_2^{\beta_1}, v_2^{\beta_2}). \quad (7.6)$$

若取定 $v_1, v_2 \in V(K_d)$ 使得 $v_1 \sim v_2$, 则由 (7.6) 式可得

$$u_1 \sim u_2 \Rightarrow (u_1, v_1) \sim (u_2, v_2) \Rightarrow (u_1^{\alpha_1}, v_1^{\alpha_2}) \sim (u_2^{\beta_1}, v_2^{\beta_2}) \Rightarrow u_1^{\alpha_1} \sim u_2^{\beta_1}.$$

另外, 若取定 $v_1, v_2 \in V(K_d)$ 使得 $v_1^{\alpha_2} \sim v_2^{\beta_2}$, 则由 (7.6) 式可得

$$u_1^{\alpha_1} \sim u_2^{\beta_1} \Rightarrow (u_1^{\alpha_1}, v_1^{\alpha_2}) \sim (u_2^{\beta_1}, v_2^{\beta_2}) \Rightarrow (u_1, v_1) \sim (u_2, v_2) \Rightarrow u_1 \sim u_2.$$

这说明

$$u_1 \sim u_2 \Leftrightarrow u_1^{\alpha_1} \sim u_2^{\beta_1}.$$

类似的, 我们有

$$v_1 \sim v_2 \Leftrightarrow v_1^{\alpha_2} \sim v_2^{\beta_2}.$$

假如 $\alpha_2 \neq \beta_2$, 那么根据引理 7.3.1 可得 K_d 是不稳定的, 这与例 7.2 矛盾. 因此 $\alpha_2 = \beta_2$. 又因为 $\alpha \neq \beta$, 所以有 $\alpha_1 \neq \beta_1$, 从而由引理 7.3.1 可知, 图 Σ 是不稳定图.

引理 7.3.4 令 $G = H \times K$ 是一个群, 其中 H 是 G 的子群, K 是 G 的阶至少为 5 的特征子群. 假设 $S = T \times (K \setminus \{1\})$ 且 $S^{-1} = S$, 其中 $T \subseteq H$. 则 $\mathrm{Cay}\,(G, S)$ 非正规.

证明 假设 $\Gamma = \mathrm{Cay}\,(G, S)$ 是一个正规凯莱图. 将 $V(\Gamma)$ 看成是 H 和 K 的笛卡尔积. 则 $R(K)$ 在第二个坐标上的作用诱导出 $\mathrm{Sym}(K)$ 的一个正则子群 L. 因为 $S = T \times (K \setminus \{1\})$, $\mathrm{Sym}(K)$ 在第二个坐标上的作用诱导出 $\mathrm{Aut}\,(\Gamma)$ 的一个子群 M. 由于 $R(G)$ 正规于 $\mathrm{Aut}\,(\Gamma)$ 且 $R(K)$ 特征于 $R(G)$, 我们推出 $R(K)$ 正规于 $\mathrm{Aut}\,(\Gamma)$, 从而 $R(K)$ 被 M 正规化. 这推出 L 被 $\mathrm{Sym}(K)$ 正规化. 然而, 由 $|K| \geqslant 5$ 知 $\mathrm{Sym}(K)$ 没有正则正规子群, 矛盾.

定理 7.3.1 不存在非平凡的不稳定弧传递循环图. 换言之, 连通弧传递循环图稳定当且仅当该循环图是非二部图且是点决定图.

证明 假设 $\Gamma = \mathrm{Cay}\,(\mathbb{Z}_n, S)$ 的阶为 n 且为极小阶反例, 即 Γ 是极小阶的非平凡不稳定弧传递图. 则图 Γ 是连通的、非二部的、点决定的不稳定图. 于是由例 7.2 可知, Γ 不是完全图. 则命题 2.2.1 及引理 7.1.2 表明, 要么 Γ 是一个正规凯莱图, 要么 $\Gamma = \Gamma_1 \times K_d$, 其中 Γ_1 是 m 阶连通弧传递循环图满足 $n = md$, $d > 3$ 且 $\gcd(m, d) = 1$. 对于后一种情形, 由引理 7.3.3 可得, Γ_1 是非平凡不稳定弧传递图, 这与 Γ 是极小阶反例矛盾, 故只有前一种情形可能发生. 因此 Γ 是正规 Cayley 图. 又因为 Γ 弧传递, 所以有 $\mathrm{Aut}\,(\mathbb{Z}_n, S)$ 作用在集合 S 上传递.

假设 n 是偶数. 则群 $\mathbb{Z}_n$ 的每一个自同构都是由一个奇数的乘法作用诱导的. 进一步的, 由于 Γ 连通, 故 S 中存在奇数 s. 这结合 $\mathrm{Aut}\,(\mathbb{Z}_n, S)$ 作用在集合 S 上传递, 可得 S 是 $\mathrm{Aut}\,(\mathbb{Z}_n, S)$ 的一个包含点 s 的轨道, 从而 S 中只包含奇数. 这说明 Γ 是一个二部图, 矛盾. 故 n 为奇数.

注意到 $\mathrm{D}(\Gamma) = \Gamma \times K_2 = \mathrm{Cay}\,(\mathbb{Z}_n \times \mathbb{Z}_2, S \times \{1\})$. 于是由 $\mathbb{Z}_n \times \mathbb{Z}_2 \cong \mathbb{Z}_{2n}$ 可推出 $\mathrm{D}(\Gamma)$ 是一个 $2n$ 阶的循环图. 进一步的, 因为 Γ 和 K_2 都是弧传递图, 所以 $\mathrm{D}(\Gamma)$ 也是弧传递图. 又因为 $\mathrm{D}(\Gamma)$ 不是完全图, 故由命题 2.2.1 可得下列情形之一成立:

(i) $\mathrm{D}(\Gamma)$ 是 $\mathbb{Z}_n \times \mathbb{Z}_2$ 上的一个正规凯莱图;

(ii) $\mathrm{D}(\Gamma) = \Sigma[\overline{K_c}]$, 其中 Σ 是 ℓ 阶连通弧传递循环图满足 $2n = \ell c$ 且 $c > 1$;

(iii) $\mathrm{D}(\Gamma) = \Sigma \times K_c$, 其中 Σ 是 ℓ 阶连通弧传递循环图满足 $2n = \ell c$, $c > 3$ 且 $\gcd(\ell, c) = 1$.

首先假设情形 (i) 发生. 则有

$$\mathrm{Aut}\,(\mathrm{D}(\Gamma)) = R(\mathbb{Z}_n \times \mathbb{Z}_2) \rtimes \mathrm{Aut}\,(\mathbb{Z}_n \times \mathbb{Z}_2, S \times \{1\}). \tag{7.7}$$

因为 n 是奇数, 所以 $\mathrm{Aut}\,(\mathbb{Z}_n \times \mathbb{Z}_2) = \mathrm{Aut}\,(\mathbb{Z}_n) \times \mathrm{Aut}\,(\mathbb{Z}_2)$, 从而

$$\mathrm{Aut}\,(\mathbb{Z}_n \times \mathbb{Z}_2, S \times \{1\}) = \mathrm{Aut}\,(\mathbb{Z}_n, S) \times \mathrm{Aut}\,(\mathbb{Z}_2) = \mathrm{Aut}\,(\mathbb{Z}_n, S) \times 1.$$

这结合 (7.7) 式可推出

$$|\mathrm{Aut}\,(\mathrm{D}(\Gamma))| = 2n|\mathrm{Aut}\,(\mathbb{Z}_n, S)| = 2|R(\mathbb{Z}_n) \rtimes \mathrm{Aut}\,(\mathbb{Z}_n, S)| \leqslant |\mathrm{Aut}\,(\Gamma) \times \mathbb{Z}_2|.$$

再根据 (5.3) 式, 我们有 $\mathrm{Aut}\,(\mathrm{D}(\Gamma)) = \mathrm{Aut}\,(\Gamma) \times \mathbb{Z}_2$, 从而 Γ 是稳定的, 矛盾.

其次假设情形 (ii) 发生. 则根据引理 7.1.2 可得, $\mathrm{D}(\Gamma)$ 是非点决定图. 又因为 $\mathrm{D}(\Gamma) = \Gamma \times K_2$ 且 K_2 是点决定图, 所以结合引理 7.1.1 可推出 Γ 是非点决定图, 矛盾.

最后假设情形 (iii) 发生. 则 $\Sigma \times K_c = \mathrm{D}(\Gamma) = \Gamma \times K_2$ 是二部图, 从而不含奇圈. 这说明 Σ 也不含奇圈, 从而 Σ 也是二部图. 因此 ℓ 是偶数. 记 $\Sigma = \mathrm{Cay}\,(\mathbb{Z}_\ell, S_1)$. 则图 $\mathrm{D}(\Gamma)$ 同构于 $\mathrm{Cay}\,(\mathbb{Z}_\ell \times \mathbb{Z}_c, S_1 \times S_2)$, 其中 $S_2 = \mathbb{Z}_c \setminus \{0\}$. 容易验证映射 $(x, y) \mapsto (1 - n)x + ny$ 是良定义的从 $\mathbb{Z}_n \times \mathbb{Z}_2$ 到 $\mathbb{Z}_{2n}$ 的一个同构映射. 因为 $2n = \ell c$, $\gcd(\ell, c) = 1$ 且 $c = 2n/\ell$ 整除 n, 所以我们有下面的同构

$$\varphi \colon \mathbb{Z}_n \times \mathbb{Z}_2 \to \mathbb{Z}_\ell \times \mathbb{Z}_c, \ (x, y) \mapsto (((1 - n)x + ny) \bmod \ell, x \bmod c),$$

这诱导了一个从图 $\mathrm{D}(\Gamma) = \mathrm{Cay}\,(\mathbb{Z}_n \times \mathbb{Z}_2, S \times \{1\})$ 到图 $\mathrm{Cay}\,(\mathbb{Z}_\ell \times \mathbb{Z}_c, (S \times \{1\})^\varphi)$ 的一个图同构映射. 因此,

$$\mathrm{Cay}\,(\mathbb{Z}_\ell \times \mathbb{Z}_c, S_1 \times S_2) \cong \mathrm{Cay}\,(\mathbb{Z}_\ell \times \mathbb{Z}_c, (S \times \{1\})^\varphi).$$

由于 $\mathrm{Cay}\,(\mathbb{Z}_\ell \times \mathbb{Z}_c, S_1 \times S_2) \cong \mathrm{D}(\Gamma)$ 是弧传递循环图, 于是根据引理 2.2.3 可推出存在 $\sigma_1 \in \mathrm{Aut}\,(\mathbb{Z}_\ell)$ 及 $\sigma_2 \in \mathrm{Aut}\,(\mathbb{Z}_c)$ 使得

$$(S \times \{1\})^\varphi = S_1^{\sigma_1} \times S_2^{\sigma_2} = S_1^{\sigma_1} \times S_2. \tag{7.8}$$

令 $T = \{t \bmod (\ell/2) \mid t \in S_1^{\sigma_1}\} \subseteq \mathbb{Z}_{\ell/2}$. 注意到 $n = \ell c/2$ 且 $\gcd(\ell/2, c) = 1$. 于是我们有下面的同构

$$\psi \colon \mathbb{Z}_n \to \mathbb{Z}_{\ell/2} \times \mathbb{Z}_c, \quad z \mapsto (z \bmod (\ell/2), z \bmod c).$$

对任意 $s \in S$, 由 (7.8) 式可得

$$(((1-n)s + n) \bmod \ell, s \bmod c) = (s, 1)^\varphi \in S_1^{\sigma_1} \times S_2,$$

从而

$$s^\psi = (((1-n)s + n) \bmod (\ell/2), s \bmod c) \in T \times S_2.$$

这说明 $S^\psi \subseteq T \times S_2$. 另外, 因为 ψ 是一个同构映射, 所以有

$$|S^\psi| = |S| = |S \times \{1\}| = |(S \times \{1\})^\varphi| = |S_1^{\sigma_1} \times S_2| = |S_1^{\sigma_1}||S_2| \geqslant |T||S_2|.$$

因此 $S^\psi = T \times S_2$. 由于 ℓ 是偶数且 $\gcd(\ell, c) = 1$, 故 c 是奇数, 从而 $c \geqslant 5$. 于是根据引理 7.3.4 得 $\Gamma = \mathrm{Cay}(\mathbb{Z}_n, S)$ 是非正规凯莱图, 矛盾. 这完成了引理的证明.

注 定理 7.3.1 中的结论对一般的交换群上的凯莱图不成立. 也就是说, 存在交换群上的非平凡不稳定弧传递凯莱图. 例如: 对于群 $G = \langle a, b \mid a^4 = b^4 = 1, ab = ba \rangle \cong \mathbb{Z}_4 \times \mathbb{Z}_4$ 和连通集 $S = \{a^2 b^2, b^2, ab^{-1}, a^{-1}b, b, b^{-1}\}$, 凯莱图 $\mathrm{Cay}(G, S)$ 是非平凡不稳定的弧传递图.

7.4 本章小结

本章主要针对第 1 章 1.3 节提出的猜想和问题对循环图的稳定性进行研究. 针对猜想 1.3.2 (即不存在奇数阶的非平凡不稳定循环图), 本章证明了不存在奇素数阶的非平凡不稳定循环图, 从而证明了猜想 1.3.2 对于素数阶循环图是成立的. 针对问题 1.3.2 (即是否存在非平凡的不稳定弧传递循环图), 本章证明了不存在非平凡的不稳定弧传递循环图, 从而回答了问题 1.3.2.

第 8 章

广义 Petersen 图的稳定性

本书上一章研究了循环图的稳定性, 本章研究另一类图—广义 Petersen 图的稳定性. 2008 年, Wilson 在文献 [72] 中提出猜想: 如果广义 Petersen 图 $\mathrm{GP}(n,k)$ 是非平凡不稳定的, 那么 n 和 k 都是偶数, 进一步的, 要么 $n/2$ 是奇数且 $k^2 \equiv \pm 1 \pmod{n/2}$, 要么 $n = 4k$. 本章我们证明这个猜想成立. 同时, 对任意满足 $1 \leqslant k < n/2$ 的整数对 (n,k), 我们完全确定了 $\mathrm{GP}(n,k)$ 的标准双重覆盖的全自同构群 $A(n,k)$.

正如下文的定理 8.3.1 所述, 除了几个零散的情形外, $A(n,k)$ 可以由下列 7 个群决定:

$$F(n) = \langle \rho, \delta \mid \rho^n = \delta^2 = 1, \delta\rho = \rho^{-1}\delta \rangle, \tag{8.1}$$

$$H(n,k) = \langle \rho, \alpha \mid \rho^n = \alpha^4 = 1, \alpha\rho = \rho^k \alpha^{-1} \rangle, \tag{8.2}$$

$$J(n,k) = \langle \rho, \delta, \alpha \mid \rho^n = \delta^2 = \alpha^2 = 1, \delta\rho = \rho^{-1}\delta, \alpha\rho = \rho^k\alpha, \alpha\delta = \delta\alpha \rangle, \tag{8.3}$$

$$K(n,k) = \langle \rho, \delta, \beta \mid \rho^n = \delta^2 = \beta^2 = 1, \delta\rho = \rho^{-1}\delta, \beta\rho = \rho\beta, \delta\beta = \beta\delta \rangle, \tag{8.4}$$

$$L(n,k) = \langle \rho, \delta, \beta, \psi \mid \rho^n = \delta^2 = \beta^2 = \psi^2 = 1, \delta\rho = \rho^{-1}\delta, \beta\rho = \rho\beta, \delta\beta = \beta\delta, \tag{8.5}$$

$$\psi\rho = \rho^k\beta\psi, \psi\delta = \delta\psi, \psi\beta = \rho^{\frac{n}{2}}\psi \rangle,$$

$$M(n,k) = \langle \rho, \delta, \beta, \psi \mid \rho^n = \delta^2 = \beta^2 = \psi^4 = 1, \delta\rho = \rho^{-1}\delta, \beta\rho = \rho\beta, \delta\beta = \beta\delta, \tag{8.6}$$

$$\psi\rho = \rho^k\beta\psi, \psi\delta = \delta\psi, \psi\beta = \rho^{\frac{n}{2}}\psi, \psi^2 = \delta\rangle,$$

$$N(n,k) = \langle\rho, \delta, \beta, \eta \mid \rho^n = \delta^2 = \beta^2 = \eta^2 = 1, \delta\rho = \rho^{-1}\delta, \beta\rho = \rho\beta, \delta\beta = \beta\delta,$$
(8.7)

$$\eta\rho = \rho\eta, \eta\delta = \delta\eta, \eta\beta = \rho^{\frac{n}{2}}\beta\eta\rangle.$$

值得注意的是 $F(n) \cong \mathrm{D}_{2n}$, $H(n,k) \cong \mathbb{Z}_n \rtimes \mathbb{Z}_4$, $J(n,k) \cong \mathrm{D}_{2n} \rtimes \mathbb{Z}_2$ 且 $K(n,k) \cong$ $\mathrm{D}_{2n} \times \mathbb{Z}_2$. 另外, 群 $L(n,k), M(n,k)$ 和 $N(n,k)$ 都是 $\mathrm{D}_{2n} \times \mathbb{Z}_2$ 被 $\mathbb{Z}_2$ 的半直积, 但他们不一定相互同构.

8.1　广义 Petersen 图

令 n 和 k 是满足 $1 \leqslant k < n/2$ 的两个整数. 跟往常一样, 记广义 Petersen 图 $\mathrm{GP}(n,k)$ 的点集为

$$\{u_0, u_1, \ldots, u_{n-1}, v_0, v_1, \ldots, v_{n-1}\}$$

且边集为

$$\{\{u_i, u_{i+1}\}, \{u_i, v_i\}, \{v_i, v_{i+k}\} \mid i \in \{0, \ldots, n-1\}\},$$

其中下标为模 n 后的所得的数.

图 $\mathrm{GP}(n,k)$ 的自同构群是由 Frucht, Graver 和 Watkins 在文献 [75] 第 217~218 页的定理 1 和定理 2 中给出的. 我们在下面的引理中重述这一结果, 其中群 $F(n)$, $H(n,k)$ 和 $J(n,k)$ 正如 (8.1) 式, (8.2) 式和 (8.3) 式.

引理 8.1.1　令 n 和 k 是满足 $1 \leqslant k < n/2$ 的两个整数. 如果 $(n,k) \neq (4,1)$, $(5,2), (8,3), (10,2), (10,3), (12,5), (24,5)$, 则下列成立:

(i) 若 $k^2 \not\equiv \pm 1 \pmod{n}$, 则 $\mathrm{Aut}\,(\mathrm{GP}(n,k)) = F(n)$;

(ii) 若 $k^2 \equiv 1 \pmod{n}$, 则 $\mathrm{Aut}\,(\mathrm{GP}(n,k)) = J(n,k)$;

(iii) 若 $k^2 \equiv -1 \pmod{n}$, 则 $\mathrm{Aut}\,(\mathrm{GP}(n,k)) = H(n,k)$.

进一步的, 下列成立:

(iv) $\mathrm{Aut}\,(\mathrm{GP}(4,1)) \cong \mathrm{S}_4 \times \mathbb{Z}_2$;

(v) $\mathrm{Aut}\,(\mathrm{GP}(5,2)) \cong \mathrm{S}_5$;

(vi) $\mathrm{Aut}\,(\mathrm{GP}(8,3)) = X \cong \mathrm{GL}(2,3) \rtimes \mathbb{Z}_2$, 其中

$$X = \langle \rho, \delta, \sigma \mid \rho^8 = \delta^2 = \sigma^3 = 1, \delta\rho\delta = \rho^{-1}, \delta\sigma\delta = \sigma^{-1}, \sigma\rho\sigma = \rho^{-1}, \sigma\rho^4 = \rho^4\sigma \rangle;$$

(vii) $\mathrm{Aut}\,(\mathrm{GP}(10,2)) \cong \mathrm{A}_5 \times \mathbb{Z}_2$;

(viii) $\mathrm{Aut}\,(\mathrm{GP}(10,3)) \cong \mathrm{S}_5 \times \mathbb{Z}_2$;

(ix) $\mathrm{Aut}\,(\mathrm{GP}(12,5)) = X \cong \mathrm{S}_4 \times \mathrm{S}_3$, 其中

$$X = \langle \rho, \delta, \sigma \mid \rho^{12} = \delta^2 = \sigma^3 = 1, \delta\rho\delta = \rho^{-1}, \delta\sigma\delta = \sigma^{-1}, \sigma\rho\sigma = \rho^{-1}, \sigma\rho^4 = \rho^4\sigma \rangle;$$

(x) $\mathrm{Aut}\,(\mathrm{GP}(24,5)) = X \cong (\mathrm{GL}(2,3) \times \mathbb{Z}_3) \rtimes \mathbb{Z}_2$, 其中

$$X = \langle \rho, \delta, \sigma \mid (\sigma\rho)^2 = \delta^2 = \sigma^3 = 1, \delta\rho\delta = \rho^{-1}, \delta\sigma\delta = \sigma^{-1}, \sigma\rho^4 = \rho^4\sigma \rangle.$$

引理 8.1.2 至引理 8.1.4 给出边传递的广义 Petersen 图, 这类图只有有限多个, 可参见文献 [75] 第 212 页.

引理 8.1.2 令 n 和 k 是满足 $1 \leqslant k < n/2$ 的两个整数. 则图 $\mathrm{GP}(n,k)$ 是边传递的当且仅当 $(n,k) = (4,1), (5,2), (8,3), (10,2), (10,3), (12,5)$ 或 $(24,5)$.

接下来的引理给出广义 Petersen 图是二部图的充要条件, 可参见文献 [103] 的命题 4.3 或文献 [1] 的定理 2.

引理 8.1.3 令 n 和 k 是满足 $1 \leqslant k < n/2$ 的两个整数. 则图 $\mathrm{GP}(n,k)$ 是二部图当且仅当 n 是偶数且 k 是奇数.

下面的引理是文献 [1] 命题 9 的一种特殊情形, 给出了广义 Petersen 图之间的所有可能的同构.

引理 8.1.4 令 n, r 和 s 是满足 $1 \leqslant r < n/2$, $1 \leqslant s < n/2$ 和 $r \neq s$ 的整数. 则 $\mathrm{GP}(n,r) \cong \mathrm{GP}(n,s)$ 当且仅当 $rs \equiv \pm 1 \pmod{n}$.

8.2 $\mathrm{DGP}(n,k)$ 与 $\mathrm{DP}(n,t)$

本节给出 $\mathrm{GP}(n,k)$ 的两种不同的双重覆盖 $\mathrm{DGP}(n,k)$ 与 $\mathrm{DP}(n,t)$ 之间的同构.

首先给出 $\mathrm{DGP}(n,k)$ 的定义. 令

$$\mathrm{DGP}(n,k) = \mathrm{D}(\mathrm{GP}(n,k))$$

是 GP(n, k) 的标准双重覆盖且

$$A(n, k) = \mathrm{Aut}\,(\mathrm{DGP}(n, k))$$

是 DGP(n, k) 的全自同构群. 那么根据 GP(n, k) 的定义, 可得 DGP(n, k) 的点集为

$$V(\mathrm{DGP}(n, k)) = \{(u_0, 0), (u_1, 0), \ldots, (u_{n-1}, 0), (u_0, 1), (u_1, 1), \ldots, (u_{n-1}, 1),$$
$$(v_0, 0), (v_1, 0), \ldots, (v_{n-1}, 0), (v_0, 1), (v_1, 1), \ldots, (v_{n-1}, 1)\}$$

且边集由以下三种形式的边构成

$$\{(u_i, j), (u_{i+1}, 1-j)\}, \quad \{(u_i, j), (v_i, 1-j)\}, \quad \{(v_i, j), (v_{i+k}, 1-j)\} \qquad (8.8)$$

其中 $i \in \{0, \ldots, n-1\}$, $j \in \{0, 1\}$ 且下标为模 n 后的所得的数. 显然, DGP(n, k) 是 $4n$ 阶 3 度图.

在最开始研究广义 Petersen 图的稳定性时, 我们利用与文献 [75] 类似的方法确定了 $A(n, k)$ (参见 *http://arxiv.org/abs/1807.07228v1*), 证明中最困难部分是决定 n 和 k 都是偶数时的 $A(n, k)$. 在用上述方法完成证明后, 我们又发现了可以决定 $A(n, k)$ 的更简洁的方法, 正如本章所述, 该方法是通过 DGP(n, t) 与 GP(n, t) 另一种双重覆盖 (由 Zhou 和 Feng 在文献 [101] 中提出) 之间的联系来证明的, 其中 $1 \leqslant t < n/2$. 文献 [101] 中提出的 GP(n, t) 的双重覆盖, 我们记为 DP(n, t), 并称其为双广义 *Petersen* 图, 该图的点集定义为

$$\{x_0, \ldots, x_{n-1}, y_0, \ldots, y_{n-1}, \overline{x}_0, \ldots, \overline{x}_{n-1}, \overline{y}_0, \ldots, \overline{y}_{n-1}\}$$

且边集定义为

$$\{\{x_i, x_{i+1}\}, \{y_i, y_{i+1}\}, \{x_i, \overline{x}_i\}, \{y_i, \overline{y}_i\}, \{\overline{x}_i, \overline{y}_{i+t}\}, \{\overline{y}_i, \overline{x}_{i+t}\} \mid i \in \{0, \ldots, n-1\}\},$$

其中下标是模 n 后所得的数. 本节我们将证明, 当 n 和 k 都是偶数时, DGP$(n, k) \cong \mathrm{DP}(n, t)$ (参见定理 8.2.1). 这结合 Kutnar 和 Petecki 在文献 [102] 中得到的关于 DP(n, t) 的全自同构群的结果, 我们不难决定 $A(n, k)$.

下面先决定 n 为奇数时, DGP(n,k) 和 GP(n,t) 之间可能的同构. 与文献 [102] 一样, 我们称图 DP(n,t) 中的边

$$\{\{x_i, x_{i+1}\}, \{y_i, y_{i+1}\} \mid i \in \{0, \ldots, n-1\}\},$$

$$\{\{x_i, \overline{x}_i\}, \{y_i, \overline{y}_i\} \mid i \in \{0, \ldots, n-1\}\}$$

和

$$\{\{\overline{x}_i, \overline{y}_{i+t}\}, \{\overline{y}_i, \overline{x}_{i+t}\} \mid i \in \{0, \ldots, n-1\}\}$$

分别为 DP(n,t) 的外边, 辐条和 内边.

引理 8.2.1 令 n, k 和 t 是满足 $1 \leqslant k < n/2$ 和 $1 \leqslant t < n/2$ 的整数且 n 为奇数. 则下列成立:

(a) 若 k 是奇数, 则 DGP$(n,k) \cong$ GP$(2n,k)$;

(b) 若 k 是偶数, 则 DGP$(n,k) \cong$ GP$(2n, n-k)$;

(c) DP(n,t) 是一个广义 Petersen 图当且仅当 $\gcd(n,t) = 1$;

(d) 若 $\gcd(n,t) = 1$, 则 DP$(n,t) \cong$ GP$(2n,s)$, 其中 s 是满足 $1 \leqslant s < n$ 和 $st \equiv \pm 1 \pmod{n}$ 的唯一的偶数;

(e) 图 DGP(n,k) 与图 DP(n,t) 不同构.

证明 首先假设 k 是奇数. 则直接验证可知, 映射

$$(u_i, \varepsilon) \mapsto u_{i+\varepsilon n}, \quad (u_j, \varepsilon) \mapsto u_{j+(1-\varepsilon)n}, \quad (v_i, \varepsilon) \mapsto v_{i+(1-\varepsilon)n}, \quad (v_j, \varepsilon) \mapsto v_{j+\varepsilon n}$$

其中 $i \in \{0, 2, \ldots, n-1\}$, $j \in \{1, 3, \ldots, n-2\}$, $\varepsilon \in \{0, 1\}$, 是从 DGP(n,k) 到 GP$(2n,k)$ 的一个同构映射. 因此 DGP$(n,k) \cong$ GP$(2n,k)$, 从而论断 (a) 成立.

其次假设 k 是偶数. 则直接验证可知, 映射

$$(u_i, \varepsilon) \mapsto u_{(2-\varepsilon)n-i}, \quad (u_j, \varepsilon) \mapsto u_{(1+\varepsilon)n-j},$$

$$(v_i, \varepsilon) \mapsto v_{(1+\varepsilon)n-i}, \quad (v_j, \varepsilon) \mapsto v_{(2-\varepsilon)n-j}$$

其中 $i \in \{0, 2, \ldots, n-1\}$, $j \in \{1, 3, \ldots, n-2\}$, $\varepsilon \in \{0, 1\}$, 是从 DGP(n,k) 到 GP$(2n, n-k)$ 的一个同构映射. 因此 DGP$(n,k) \cong$ GP$(2n, n-k)$, 从而论断 (b) 成立.

下面假设存在满足 $1 \leqslant r < m/2$ 的整数 m 和 r 使得 $\mathrm{DP}(n,t) \cong \mathrm{GP}(m,r)$. 则 $m = 2n$ 且 $(u_0, u_1, \ldots, u_{2n-1})$ 是图 $\mathrm{GP}(m,r)$ 中的一个长为 $2n$ 的圈, 从而图 $\mathrm{DP}(n,t)$ 中存在一个长为 $2n$ 的对应于 $(u_0, u_1, \ldots, u_{2n-1})$ 的圈 C. 显然, 图 $\mathrm{DP}(n,t)$ 的外边构成了两个点不交的长为 n 的圈. 这说明圈 C 要么只包含内边, 要么同时包含外边, 轮辐和内边由外边. 若前者发生, 则有 $\gcd(n,t) = 1$. 下面假设后者发生. 注意到对于圈 $(u_0, u_1, \ldots, u_{2n-1})$ 中的任意两条边, 都存在 $\mathrm{Aut}(\mathrm{GP}(m,r))$ 中的一个元素将其中一条边映成另一条边. 这说明存在 $\pi \in \mathrm{Aut}(\mathrm{DP}(n,t))$ 将某轮辐映成非轮辐. 再由文献 [102] 的引理 3.6 可知 $\mathrm{DP}(n,t)$ 是边传递图, 从而 $\mathrm{GP}(m,r)$ 是边传递图. 于是根据引理 8.1.2, 可以得到 $m = 4$, 8, 10, 12 或 24. 又因为 $m = 2n$ 且 n 为奇数, 所以 $m = 10$ 且 $n = 5$, 从而 $\gcd(n,t) = 1$.

反过来, 假设 $\gcd(n,t) = 1$. 则因为 n 是奇数, 故存在唯一的偶数 s 使得 $1 \leqslant s < n$ 且 $st \equiv \pm 1 \pmod{n}$. 可以验证映射

$$u_i \mapsto \begin{cases} \overline{x}_{it} & \text{若 } i \text{ 是偶数且 } i < n \\ \overline{y}_{it} & \text{若 } i \text{ 是奇数且 } i < n \\ \overline{x}_{(i-n)t} & \text{若 } i \text{ 是偶数且 } i \geqslant n \\ \overline{y}_{(i-n)t} & \text{若 } i \text{ 是奇数且 } i \geqslant n \end{cases}$$

$$v_i \mapsto \begin{cases} x_{it} & \text{若 } i \text{ 是偶数且 } i < n \\ y_{it} & \text{若 } i \text{ 是奇数且 } i < n \\ x_{(i-n)t} & \text{若 } i \text{ 是偶数且 } i \geqslant n \\ y_{(i-n)t} & \text{若 } i \text{ 是奇数且 } i \geqslant n \end{cases}$$

(其中 $i \in \{0, \ldots, 2n-1\}$) 是一个从 $\mathrm{GP}(2n,s)$ 到 $\mathrm{DP}(n,t)$ 的同构映射. 因此 $\mathrm{DP}(n,t) \cong \mathrm{GP}(2n,s)$, 从而论断 (c) 和论断 (d) 成立.

最后假设 $\mathrm{DGP}(n,k) \cong \mathrm{DP}(n,t)$. 则根据论断 (a) 和论断 (b), 我们知道存在满足 $1 \leqslant \ell_1 < n$ 的奇数 ℓ_1 使得 $\mathrm{DGP}(n,k) \cong \mathrm{GP}(2n,\ell_1)$, 从而有 $\mathrm{DP}(n,t) \cong \mathrm{GP}(2n,\ell_1)$. 于是根据论断 (c) 和论断 (d) 可得, 存在满足 $1 \leqslant \ell_2 < n$ 的偶数 ℓ

使得 $\mathrm{DGP}(n,k) \cong \mathrm{GP}(2n,\ell_2)$. 然而, 因为 ℓ_1 是奇数且 ℓ_2 是偶数, 所以 $\ell_1 \neq \ell_2$ 且 $\ell_1\ell_2 \not\equiv \pm 1 \pmod{2n}$, 这结合引理 8.1.4 可推出 $\mathrm{GP}(2n,\ell_1) \not\cong \mathrm{GP}(2n,\ell_2)$, 从而 $\mathrm{DP}(n,t) \not\cong \mathrm{GP}(2n,\ell_1)$, 矛盾. 故论断 (e) 成立.

对于正整数 m 和图 Γ, 我们用 $m\Gamma$ 表示 m 个点不交的图 Γ 的并.

引理 8.2.2 令 n, k, t 为满足 $1 \leqslant k < n/2$ 和 $1 \leqslant t < n/2$ 的整数且 n 为偶数, k 为奇数. 则下列成立:

(a) $\mathrm{DGP}(n,k) \cong 2\mathrm{GP}(n,k)$;

(b) $\mathrm{DGP}(n,k)$ 与 $\mathrm{DP}(n,t)$ 不同构.

证明 令 Γ_1 和 Γ_2 分别为 $\mathrm{DGP}(n,k)$ 的由

$$V_1 := \{(u_i,j) \mid i \in \{0,\ldots,n-1\}, j \in \{0,1\}, i+j \text{ 是偶数}\}$$

$$\cup \{(v_r,s) \mid r \in \{0,\ldots,n-1\}, s \in \{0,1\}, r+s \text{ 是奇数}\}$$

和

$$V_2 := \{(u_i,j) \mid i \in \{0,\ldots,n-1\}, j \in \{0,1\}, i+j \text{ 是奇数}\}$$

$$\cup \{(v_r,s) \mid r \in \{0,\ldots,n-1\}, s \in \{0,1\}, r+s \text{ 是偶数}\},$$

诱导的子图. 因为 n 是偶数且 k 是奇数, 所以 $\{V_1, V_2\}$ 是 $V(\mathrm{DGP}(n,k))$ 的一个划分且 Γ_1 和 Γ_2 之间不存在边. 进一步的, 映射

$$(u_i,j) \mapsto u_i, \quad (v_i,j) \mapsto v_i$$

是图 Γ_1 到图 $\mathrm{GP}(n,k)$ 的一个同构映射, 也是图 Γ_2 到图 $\mathrm{GP}(n,k)$ 的一个同构映射. 因此 $\Gamma_1 \cong \Gamma_2 \cong \mathrm{GP}(n,k)$, 从而 $\mathrm{DGP}(n,k) \cong 2\mathrm{GP}(n,k)$, 故论断 (a) 成立.

由论断 (a) 可知 $\mathrm{DGP}(n,k)$ 不连通. 而因为 $\mathrm{DP}(n,t)$ 连通, 我们推出 $\mathrm{DGP}(n,k)$ 与 $\mathrm{DP}(n,t)$ 不同构, 故论断 (b) 成立.

定理 8.2.1 令 n 和 k 是满足 $1 \leqslant k < n/2$ 的两个整数. 则存在满足 $1 \leqslant t < n/2$ 的整数 t 使得 $\mathrm{DGP}(n,k) \cong \mathrm{DP}(n,t)$ 当且仅当 n 和 k 都是偶数. 进一步的, 如果 n 和 k 都是偶数, 则 $\mathrm{DGP}(n,k) \cong \mathrm{DP}(n,k)$.

证明 假设存在满足 $1 \leqslant t < n/2$ 的整数 t 使得 $\mathrm{DGP}(n,k) \cong \mathrm{DP}(n,t)$. 则根据引理 8.2.1(e) 和引理 8.2.2(b), 我们推出 n 和 k 都是偶数.

反过来, 假设 n 和 k 都是偶数. 则通过直接验证可知, 映射

$$(u_i, 0) \mapsto x_i, \quad (u_i, 1) \mapsto y_i, \quad (v_i, 1) \mapsto \overline{x}_i, \quad (v_i, 0) \mapsto \overline{y}_i,$$

$$(u_j, 1) \mapsto x_j, \quad (u_j, 0) \mapsto y_j, \quad (v_j, 0) \mapsto \overline{x}_j, \quad (v_j, 1) \mapsto \overline{y}_j$$

(其中 $i \in \{0, 2, \dots, n-2\}$, $j \in \{1, 3, \dots, n-1\}$) 是图 $\mathrm{DGP}(n,k)$ 到图 $\mathrm{DP}(n,k)$ 的一个同构映射. 这完成了本引理的证明.

8.3 $A(n,k)$ 与广义 Petersen 图的稳定性

我们首先决定 $\mathrm{GP}(n,k)$ 的标准双重覆盖的自全同构群 $A(n,k)$, 其中 n, k 满足 $1 \leqslant k < n/2$. 再结合引理 8.1.1 给出的 $\mathrm{GP}(n,k)$ 的全自同构群, 决定广义 Petersen 图的稳定性.

命题 8.3.1 令 n 和 k 是满足 $1 \leqslant k < n/2$ 的两个整数且 n 是奇数. 则 $\mathrm{GP}(n,k)$ 是稳定的且 $A(n,k)$ 如下:

(i) 如果 k 是奇数, 那么下列成立:

(i.1) 若 $k^2 \not\equiv \pm 1 \pmod{n}$, 则 $A(n,k) = F(2n)$;

(i.2) 若 $k^2 \equiv 1 \pmod{n}$, 则 $A(n,k) = J(2n,k)$;

(i.3) 若 $k^2 \equiv -1 \pmod{n}$, 则 $A(n,k) = H(2n,k)$.

(ii) 如果 k 是偶数且 $(n,k) \neq (5,2)$, 那么下列成立:

(ii.1) 若 $k^2 \not\equiv \pm 1 \pmod{n}$, 则 $A(n,k) = F(2n)$;

(ii.2) 若 $k^2 \equiv 1 \pmod{n}$, 则 $A(n,k) = J(2n, n-k)$;

(ii.3) 若 $k^2 \equiv -1 \pmod{n}$, 则 $A(n,k) = H(2n, n-k)$.

此外,

(ii.4) $A(5,2) \cong \mathrm{S}_5 \times \mathbb{Z}_2$.

证明 首先假设 k 是奇数. 则由引理 8.2.1(a) 可得 $\mathrm{DGP}(n,k) \cong \mathrm{GP}(2n,k)$. 如果 $k^2 \not\equiv \pm 1 \pmod{n}$, 那么 $k^2 \not\equiv \pm 1 \pmod{2n}$, 从而根据引理 8.1.1 有 $\mathrm{Aut}\,(\mathrm{GP}\,(n,k)) = F(n) \cong \mathrm{D}_{2n}$ 且 $A(n,k) = F(2n) \cong \mathrm{D}_{4n}$. 如果 $k^2 \equiv 1 \pmod{n}$,

那么 $k^2 \equiv 1 \pmod{2n}$, 从而根据引理 8.1.1 有 $\mathrm{Aut}\,(\mathrm{GP}(n,k)) = J(n,k) \cong \mathrm{D}_{2n} \rtimes \mathbb{Z}_2$ 且 $A(n,k) = J(2n,k) \cong \mathrm{D}_{4n} \rtimes \mathbb{Z}_2$. 如果 $k^2 \equiv -1 \pmod{n}$, 那么 $k^2 \equiv -1 \pmod{2n}$, 从而根据引理 8.1.1 有 $\mathrm{Aut}\,(\mathrm{GP}(n,k)) = H(n,k) \cong \mathbb{Z}_n \rtimes \mathbb{Z}_4$ 且 $A(n,k) = H(2n,k) \cong \mathbb{Z}_{2n} \rtimes \mathbb{Z}_4$. 在每种情形下, $A(n,k)$ 都如引理所述且 $|A(n,k)| = 2|\mathrm{Aut}\,(\mathrm{GP}(n,k))|$, 这说明 $\mathrm{GP}(n,k)$ 是稳定的.

其次假设 k 是偶数. 则由引理 8.2.1(b) 可得 $\mathrm{DGP}(n,k) \cong \mathrm{GP}(2n,n-k)$. 因为 $(n-k)^2 \equiv k^2 \pmod{n}$, 所以 n 是奇数且 $n-k$ 也是奇数, 于是 $k^2 \equiv 1 \pmod{n}$ 当且仅当 $(n-k)^2 \equiv 1 \pmod{2n}$, 且 $k^2 \equiv -1 \pmod{n}$ 当且仅当 $(n-k)^2 \equiv -1 \pmod{2n}$. 如果 $k^2 \not\equiv \pm 1 \pmod{n}$, 那么 $(n-k)^2 \not\equiv \pm 1 \pmod{2n}$, 从而根据引理 8.1.1 有 $\mathrm{Aut}\,(\mathrm{GP}(n,k)) = F(n) \cong \mathrm{D}_{2n}$ 且 $A(n,k) = F(2n) \cong \mathrm{D}_{4n}$. 如果 $k^2 \equiv 1 \pmod{n}$, 那么 $(n-k)^2 \equiv 1 \pmod{2n}$, 从而根据引理 8.1.1 有 $\mathrm{Aut}\,(\mathrm{GP}(n,k)) = J(n,k) \cong \mathrm{D}_{2n} \rtimes \mathbb{Z}_2$ 且 $A(n,k) = J(2n,n-k) \cong \mathrm{D}_{4n} \rtimes \mathbb{Z}_2$. 如果 $k^2 \equiv -1 \pmod{n}$ 且 $(n,k) \neq (5,2)$, 那么 $(n-k)^2 \equiv -1 \pmod{2n}$, 从而根据引理 8.1.1 有 $\mathrm{Aut}\,(\mathrm{GP}(n,k)) = H(n,k) \cong \mathbb{Z}_n \rtimes \mathbb{Z}_4$ 且 $A(n,k) = H(2n,n-k) \cong \mathbb{Z}_{2n} \rtimes \mathbb{Z}_4$. 如果 $(n,k) = (5,2)$, 那么由 $\mathrm{DGP}(5,2) \cong \mathrm{GP}(10,3)$ 和引理 8.1.1 有 $\mathrm{Aut}\,(\mathrm{GP}(5,2)) \cong \mathrm{S}_5$ 且 $A(5,2) \cong \mathrm{Aut}\,(\mathrm{GP}(10,3)) \cong \mathrm{S}_5 \times \mathbb{Z}_2$. 在每种情形下, $A(n,k)$ 都如引理所述且 $|A(n,k)| = 2|\mathrm{Aut}\,(\mathrm{GP}(n,k))|$, 这说明 $\mathrm{GP}(n,k)$ 是稳定的.

命题 8.3.2 令 n 和 k 都是偶数且满足 $1 \leqslant k < n/2$. 如果 $(n,k) \neq (10,2)$, 则下列成立:

(a) 若 $k^2 \equiv 1 \pmod{n/2}$, 则 $A(n,k) = L(n,k)$;

(b) 若 $k^2 \equiv -1 \pmod{n/2}$, 则 $A(n,k) = M(n,k)$;

(c) 若 $n = 4k$, 则 $A(n,k) = N(n,k)$;

(d) 若 $k^2 \not\equiv \pm 1 \pmod{n/2}$ 且 $n \neq 4k$, 则 $A(n,k) = K(n,k)$.

进一步的, $A(10,2) \cong (\mathrm{A}_5 \times \mathbb{Z}_2^2) \rtimes \mathbb{Z}_2$

证明 因为 n 和 k 都是偶数, 故由定理 8.2.1 可得 $\mathrm{DGP}(n,k) \cong \mathrm{DP}(n,k)$.

首先假设 $k^2 \equiv 1 \pmod{n/2}$. 则由文献 [102] 的命题 3.1, 命题 3.8, 推论 3.11

和文献 [102] 的命题 3.4 可得 $A(n,k) = \langle \rho, \delta, \beta, \psi \rangle$, $|A(n,k)| = 8n$ 且

$$\delta\rho = \rho^{-1}\delta, \quad \beta\rho = \rho\beta, \quad \delta\beta = \beta\delta, \quad \psi\rho = \rho^k\beta\psi, \quad \psi\delta = \delta\psi, \quad \psi\beta = \rho^{\frac{n}{2}}\psi,$$

其中生成元 ρ, β, δ, ψ 分别为文献 [102] 第 2863 页定义的置换 α, β, γ, ψ. 根据这些置换的定义, 容易验证 $\rho^n = \delta^2 = \beta^2 = \psi^2 = 1$. 又因为 $|L(n,k)| = 8n = |A(n,k)|$, 故 $A(n,k) = L(n,k)$, 从而论断 (a) 成立.

其次假设 $k^2 \equiv -1 \pmod{n/2}$. 则由文献 [102] 的命题 3.1, 命题 3.8, 推论 3.11 和文献 [102] 的命题 3.4 可得 $A(n,k) = \langle \rho, \delta, \beta, \psi \rangle$, $|A(n,k)| = 8n$ 且

$$\delta\rho = \rho^{-1}\delta, \quad \beta\rho = \rho\beta, \quad \delta\beta = \beta\delta, \quad \psi\rho = \rho^k\beta\psi,$$

$$\psi\delta = \delta\psi, \quad \psi\beta = \rho^{\frac{n}{2}}\psi, \quad \psi^2 = \delta,$$

其中生成元 ρ, β, δ, ψ 分别为文献 [102] 第 2863 页定义的置换 α, β, γ, ψ. 根据这些置换的定义, 容易验证 $\rho^n = \delta^2 = \beta^2 = \psi^4 = 1$. 又因为 $|M(n,k)| = 8n = |A(n,k)|$, 故 $A(n,k) = M(n,k)$, 从而论断 (b) 成立.

接下来假设 $n = 4k$. 则由文献 [102] 的命题 3.1, 命题 3.8, 推论 3.11 和文献 [102] 的命题 3.4 可得 $A(n,k) = \langle \rho, \delta, \beta, \eta \rangle$, $|A(n,k)| = 8n$ 且

$$\delta\rho = \rho^{-1}\delta, \quad \beta\rho = \rho\beta, \quad \delta\beta = \beta\delta, \quad \eta\rho = \rho\eta, \quad \eta\delta = \delta\eta, \quad \eta\beta = \rho^{\frac{n}{2}}\beta\eta,$$

其中生成元 ρ, β, δ, η 分别为文献 [102] 第 2863 页定义的置换 α, β, γ, η. 根据这些置换的定义, 容易验证 $\rho^n = \delta^2 = \beta^2 = \eta^2 = 1$. 又因为 $|N(n,k)| = 8n = |A(n,k)|$, 故 $A(n,k) = N(n,k)$, 从而论断 (c) 成立.

现在假设 $k^2 \not\equiv \pm 1 \pmod{n/2}$ 且 $n \neq 4k$. 则由文献 [102] 的命题 3.1, 命题 3.8, 推论 3.11 和文献 [102] 的命题 3.4 可得 $A(n,k) = \langle \rho, \delta, \beta \rangle$, $|A(n,k)| = 4n$ 且

$$\delta\rho = \rho^{-1}\delta, \quad \beta\rho = \rho\beta, \quad \delta\beta = \beta\delta,$$

其中生成元 ρ, β, δ 分别为文献 [102] 第 2863 页定义的置换 α, β, γ. 进一步的, 由这些置换的定义可以得到 $\rho^n = \delta^2 = \beta^2 = 1$. 又因为 $|K(n,k)| = 4n = |A(n,k)|$, 故 $A(n,k) = K(n,k)$, 从而论断 (d) 成立.

最后, 根据 MAGMA[73] 的计算, 我们有 $A(10,2) \cong (A_5 \times \mathbb{Z}_2^2) \rtimes \mathbb{Z}_2$. 这完成了本引理的证明.

下面的定理确定了广义 Petersen 图的标准双重覆盖 DGP(n,k) 的全自同构群:

定理 8.3.1 令 n 和 k 是满足 $1 \leqslant k < n/2$ 的整数.

(i) 如果 n 和 k 都是奇数, 则下列成立:

(i.1) 若 $k^2 \not\equiv \pm 1 \pmod{n}$, 则 $A(n,k) = F(2n)$;

(i.2) 若 $k^2 \equiv 1 \pmod{n}$, 则 $A(n,k) = J(2n,k)$;

(i.3) 若 $k^2 \equiv -1 \pmod{n}$, 则 $A(n,k) = H(2n,k)$.

(ii) 如果 n 是奇数且 k 是偶数, 但 $(n,k) \neq (5,2)$, 则下列成立:

(ii.1) 若 $k^2 \not\equiv \pm 1 \pmod{n}$, 则 $A(n,k) = F(2n)$;

(ii.2) 若 $k^2 \equiv 1 \pmod{n}$, 则 $A(n,k) = J(2n, n-k)$;

(ii.3) 若 $k^2 \equiv -1 \pmod{n}$, 则 $A(n,k) = H(2n, n-k)$.

此外,

(ii.4) $A(5,2) \cong \mathrm{S}_5 \times \mathbb{Z}_2$.

(iii) 如果 n 是偶数且 k 是奇数, 但 $(n,k) \neq (4,1), (8,3), (10,3), (12,5), (24,5)$, 则下列成立:

(iii.1) 若 $k^2 \not\equiv \pm 1 \pmod{n}$, 则 $A(n,k) = F(n) \wr \mathrm{S}_2$;

(iii.2) 若 $k^2 \equiv 1 \pmod{n}$, 则 $A(n,k) = J(n,k) \wr \mathrm{S}_2$;

(iii.3) 若 $k^2 \equiv -1 \pmod{n}$, 则 $A(n,k) = H(n,k) \wr \mathrm{S}_2$.

此外, 我们有

(iii.4) $A(4,1) \cong (\mathrm{S}_4 \times \mathbb{Z}_2) \wr \mathrm{S}_2$;

(iii.5) $A(8,3) \cong (\mathrm{GL}(2,3) \rtimes \mathbb{Z}_2) \wr \mathrm{S}_2$;

(iii.6) $A(10,3) \cong (\mathrm{S}_5 \times \mathbb{Z}_2) \wr \mathrm{S}_2$;

(iii.7) $A(12,5) \cong (\mathrm{S}_4 \times \mathrm{S}_3) \wr \mathrm{S}_2$;

(iii.8) $A(24,5) \cong ((\mathrm{GL}(2,3) \times \mathbb{Z}_3) \rtimes \mathbb{Z}_2) \wr \mathrm{S}_2$.

(iv) 如果 n 和 k 都是偶数, 但 $(n,k) \neq (10,2)$, 则下列成立:

(iv.1) 若 $k^2 \equiv 1 \pmod{n/2}$, 则 $A(n,k) = L(n,k)$;

(iv.2) 若 $k^2 \equiv -1 \pmod{n/2}$, 则 $A(n,k) = M(n,k)$;

(iv.3) 若 $n = 4k$, 则 $A(n,k) = N(n,k)$;

(iv.4) 若 $k^2 \not\equiv \pm 1 \pmod{n/2}$ 且 $n \neq 4k$, 则 $A(n,k) = K(n,k)$;

此外,

(iv.5) $A(10,2) \cong (\mathrm{A}_5 \times \mathbb{Z}_2^2) \rtimes \mathbb{Z}_2$.

证明   如果 n 是奇数, 则由命题 8.3.1 可证明第 (i) 和第 (ii) 部分成立. 如果 n 是偶数且 k 是奇数, 则由引理 8.2.2(a) 我们有 $\mathrm{DGP}(n,k) \cong 2\mathrm{GP}(n,k)$, 从而 $A(n,k) \cong \mathrm{Aut}\,(\mathrm{GP}(n,k)) \wr \mathrm{S}_2$ (可参见文献 [104]), 这结合引理 8.1.1 可推出第 (iii) 部分成立. 如果 n 和 k 都是偶数, 则由命题 8.3.2 可证明第 (v) 部分成立.

下面的定理确定了广义 Petersen 图的稳定性.

定理 8.3.2   令 n 和 k 是满足 $1 \leqslant k < n/2$ 的两个整数.

(i) 如果 n 是奇数, 则 $\mathrm{GP}(n,k)$ 是稳定的.

(ii) $\mathrm{GP}(n,k)$ 是平凡不稳定的当且仅当 n 是偶数且 k 是奇数.

(iii) 如果 n 和 k 都是偶数, 则 $\mathrm{GP}(n,k)$ 是非平凡不稳定的当且仅当下列条件之一成立:

(iii.1) $k^2 \equiv \pm 1 \pmod{n/2}$;

(iii.2) $n = 4k$.

证明   如果 n 是奇数, 则根据命题 8.3.1 可得, $\mathrm{GP}(n,k)$ 是稳定的. 又因为 $\mathrm{GP}(n,k)$ 是连通且点决定的, 所以 $\mathrm{GP}(n,k)$ 是平凡不稳定的当且仅当 $\mathrm{GP}(n,k)$ 是二部图. 于是由引理 8.1.3 可知 $\mathrm{GP}(n,k)$ 是平凡不稳定的当且仅当 n 是偶数且 k 是奇数. 下面假设 n 和 k 都是偶数. 则 $k^2 \not\equiv \pm 1 \pmod{n}$, 从而根据引理 8.1.1 得

$$|\mathrm{Aut}\,(\mathrm{GP}(n,k))| = \begin{cases} 2n & \text{若 } (n,k) \neq (10,2) \\ 120 & \text{若 } (n,k) = (10,2). \end{cases}$$

进一步的, 由定理 8.3.1 我们有

$$|A(n,k)| = \begin{cases} 8n & \text{若 } (n,k) \neq (10,2) \text{ 且要么 } k^2 \equiv \pm 1 \pmod{n/2}, \text{ 要么 } n = 4k \\ 4n & \text{若 } k^2 \not\equiv \pm 1 \pmod{n/2} \text{ 且 } n \neq 4k \\ 480 & \text{若 } (n,k) = (10,2). \end{cases}$$

注意到当 $(n,k) = (10,2)$ 时有 $k^2 \equiv -1 \pmod{n/2}$. 于是 $|A(n,k)| \neq 2|\text{Aut}\,(\text{GP}(n,k))|$ 当且仅当 $k^2 \equiv \pm 1 \pmod{n/2}$ 或 $n = 4k$. 这说明 $\text{GP}(n,k)$ 是不稳定的当且仅当 $k^2 \equiv \pm 1 \pmod{n/2}$ 或 $n = 4k$, 正如定理所述.

注 显然猜想 1.4.1 的条件 (P.1) 等价于 n 和 k 都是偶数且满足 $k^2 \equiv \pm 1 \pmod{n/2}$, 这与上述定理 8.3.2 的条件 (iii.1) 一致. 同时, 条件 (P.2) 与上述定理 8.3.2 的条件 (iii.2) 一致. 因此, 定理 8.3.2 表明 $\text{GP}(n,k)$ 是非平凡不稳定的当且仅当 (n,k) 满足条件 (P.1) 或 (P.2), 这证明了猜想 1.4.1 成立. 注意到这一结果也覆盖了前面提到的 Wilson 得到的关于 $\text{GP}(n,k)$ 稳定性的结果, 相当于给出了文献 [72] 定理 P.1–P.2 的另一种证明.

8.4 本 章 小 结

本章主要针对第 1 章第 1.4 节中提出的猜想对广义 Petersen 图的稳定性进行研究. 我们主要通过给出广义 Petersen 图的标准双重覆盖的全自同构群, 来决定广义 Petersen 图的稳定性, 从而证明了猜想 1.4.1 成立.

第 9 章

结　论

本书主要研究了 p-群上的边传递双凯莱图以及循环图和广义 Petersen 图这两类图的稳定性, 其中 p 为奇素数.

关于 p-群上的边传递双凯莱图, 本书给出了三个分类结果和一些半对称图无限类的构造.

第一个分类结果是非交换亚循环 p-群上的连通三度边传递双凯莱图的完全分类. 本书证明了这样的图一定是下列双凯莱图之一:

$$\Gamma_t = \mathrm{BiCay}\left(\mathcal{G}_t, \phi, \phi, S\right), \quad \mathcal{G}_t = \langle a, b \mid a^{3^{t+1}} = b^{3^t} = 1, b^{-1}ab = a^{1+3^t} \rangle,$$

$$S = \{1, a, a^{-1}b\};$$

$$\Sigma_t = \mathrm{BiCay}\left(\mathcal{H}_t, \phi, \phi, T\right), \quad \mathcal{H}_t = \langle a, b \mid a^{3^{t+1}} = b^{3^{t+1}} = 1, b^{-1}ab = a^{1+3^t} \rangle,$$

$$T = \{1, b, b^{-1}a\},$$

其中 t 是一个正整数. 特别的, 对任意正整数 t, Γ_t 是半对称图, Σ_t 是对称图.

第二个分类结果是内交换 p-群上的连通三度边传递双凯莱图的完全分类. 本书证明了, 如果内交换 p-群是亚循环的, 那么这样的图是上述双凯莱图 Γ_t 和 Σ_t 之一; 如果内交换 p-群是非亚循环的, 那么这样的图是下列双凯莱图 $\Sigma_{p,t,s}$ 之一: 令

$$\mathcal{H}_{p,t,s} = \langle a, b, c \mid a^{p^t} = b^{p^s} = c^p = 1, [a, b] = c, [c, a] = [c, b] = 1 \rangle \quad (t \geqslant s \geqslant 1).$$

如果 $t = s$, 则取 $k = 0$; 如果 $t > s$, 则取 $k \in \mathbb{Z}_{p^{t-s}}^*$ 使得 $k^2 - k + 1 \equiv 0$ $\pmod{p^{t-s}}$. 令

$$\Sigma_{p,t,s} = \Sigma_{p,t,s,k} = \mathrm{BiCay}\left(\mathcal{H}_{p,t,s}, \phi, \phi, \{1, a, ba^k\}\right).$$

需要注意的是, 在同构意义下, 上述的 $\Sigma_{p,t,s,k}$ 是由 p, t, s 唯一决定的, 因此将图 $\Sigma_{p,t,s,k}$ 简记为 $\Sigma_{p,t,s}$. 特别的, 双凯莱图 $\Sigma_{p,t,s}$ 是对称图.

第三个分类结果是非交换亚循环 p-群上的连通 p 度边传递双凯莱图的完全分类. 本书证明了这样的图是上述双凯莱图 Γ_t 和 Σ_t 之一. 注意到, 上面的三个分类结果所包含的边传递双凯莱图都是三度图, 特别的, 所包含的半对称双凯莱图都是三度图. 而目前所知道的半对称图无限类大多集中在三度、四度的情形. 因此, 我们提出疑问, 能否通过双凯莱图构造度数大于等于 5 的半对称图无限类. 事实上, 本书构造了三个亚循环 p-群上的连通六度半对称双凯莱图的无限类 (具体构造参见本书第 6 章).

关于循环图和广义 Petersen 图这两类图的稳定性, 一方面, 本书证明了不存在奇素数阶不稳定循环图且不存在非平凡不稳定的弧传递循环图, 其中后者回答了 Wilson 在 2008 年提出的一个公开问题; 另一方面, 本书证明了如果广义 Petersen 图 $\mathrm{GP}(n, k)$ 是非平凡不稳定的, 那么 n 和 k 都是偶数, 进一步的, 要么 $n/2$ 是奇数且 $k^2 \equiv \pm 1 \pmod{n/2}$, 要么 $n = 4k$, 这证明了 Wilson 在 2008 年提出的关于广义 Petersen 图稳定性的猜想是正确的.

参 考 文 献

[1] Boben M, Pisanski T, Žitnik A. I-graphs and the corresponding configurations[J]. Journal of Combinatorial Designs, 2005, 13(6): 406–424.

[2] Pisanski T. A classification of cubic bicirculants[J]. Discrete Mathematics, 2007, 307(3-5): 567–578.

[3] Kovács I, Malnič A, Marušič D, Miklavič Š. One-matching bi-Cayley graphs over abelian groups[J]. European Journal of Combinatorics, 2009, 30(2): 602–616.

[4] Zhou J X, Feng Y Q. Cubic bi-Cayley graphs over abelian groups[J]. European Journal of Combinatorics, 2014, 36: 679–693.

[5] Kovács I, Kuzman B, Malnič A, Wilson S. Characterization of edge-transitive 4-valent bicirculants[J]. Journal of Graph Theory, 2012, 69(4): 441–463.

[6] Marušič D, Praeger C E. Tetravalent graphs admitting half-transitive group actions: alternating cycles[J]. Journal of Combinatorial Theory, Series B, 1999, 75(2): 188–205.

[7] Zhang M M, Zhou J X. Trivalent vertex-transitive bi-dihedrants[J]. Discrete Mathematics, 2017, 340(8): 1757–1772.

[8] Zhou J X, Zhang M M. The classification of half-arc-regular bi-circulants of valency 6[J]. European Journal of Combinatorics, 2017, 64: 45–56.

[9] Zhou J X, Zhang M M. On weakly symmetric graphs of order twice a prime square[J]. Journal of Combinatorial Theory, Series A, 2018, 155: 458–475.

[10] Arezoomand M, Taeri B. Isomorphisms of finite semi-Cayley graphs[J]. Acta Mathematica Sinica, 2015, 31(4): 715–730.

[11] Arezoomand M, Taeri B. A classification of finite groups with integral bi-Cayley graphs[J]. Transactions on Combinatorics, 2015, 4(4): 55–61.

[12] Davis J A, Martínez, Sodupe M J. Bi-Cayley normal uniform multiplicative designs[J]. Discrete Mathematics, 2016, 339(9): 2224–2230.

[13] Hujdurović A, Kutnar K, Marušič D. On normality of n-Cayley graphs[J]. Applied Mathematics and Computation, 2018, 332: 469–476.

[14] Zhou J X. Every finite group has a normal bi-Cayley graph[J]. Ars Mathematica Contemporanea, 2018, 14(1): 177–186.

[15] Koike H, Kovács I. Arc-transitive cubic abelian bi-Cayley graphs and BCI-graphs[J]. Filomat, 2016, 30(2): 321–331.

[16] Gao X, Lü H, Hao Y. The Laplacian and signless Laplacian spectrum of semi-Cayley graphs over abelian groups[J]. Journal of Applied Mathematics and Computing, 2016, 51(1-2): 383–395.

[17] Wang Y, Feng Y Q. Bipartite bi-Cayley graphs over metacyclic groups of odd prime-power order[J]. Available online at http://arxiv.org/abs/1707.02790.

[18] Malnič A, Marusič D, Šparl P. On strongly regular bicirculants[J]. European Journal of Combinatorics, 2007, 28(3): 891–900.

[19] Luo Y, Gao X. On the extendability of Bi-Cayley graphs of finite abelian groups[J]. Discrete Mathematics, 2009, 309(20): 5943–5949.

[20] Gao X, Liu W, Luo Y. On the extendability of certain semi-Cayley graphs of finite abelian groups[J]. Discrete Mathematics, 2011, 311(17): 1978–1987.

[21] Zhang M M. Symmetry of bi-Cayley Graphs[D]. Beijing: Beijing Jiaotong University Doctoral Dissertation, 2018.

[22] Alspach B, Parsons T D. A Construction for vertex-transitive graphs[J]. Canadian Journal of Mathematics, 1982, 34(2): 307–318.

[23] Li C H, Sim H S. On half-transitive metacirculant graphs of prime-power order[J]. Journal of Combinatorial Theory, Series B, 2001, 81(1): 45–57.

[24] Li C H, Sim H S. Automorphisms of Cayley graphs of metacyclic groups of odd prime-power order[J]. Journal of the Australian Mathematical Society, 2001, 71(2): 223–231.

[25] Li C H, Song S J, Wang D J. A characterization of metacirculants[J]. Journal of Combinatorial Theory, Series A, 2013, 120(1): 39–48.

[26] Li C H, Song S J, Wang D J. Corrigendum to "A characterization of metacirculants" [J. Combin. Theory Ser. A 120(1) (2013) 39–48][J]. Journal of Combinatorial Theory, Series A, 2017, 146: 344–345.

[27] Li C H, Pan J, Song S J, Wang D J. A characterization of a family of edge-transitive metacirculant graphs[J]. Journal of Combinatorial Theory, Series B, 2014, 107: 12–25.

[28] Marušič D, Šparl P. On quartic half-arc-transitive metacirculants[J]. Journal of Algebraic Combinatorics, 2008, 28(3): 365–395.

[29] Šparl P. On the classification of quartic half-arc-transitive metacirculants[J]. Discrete Mathematics, 2009, 309(8): 2271–2283.

[30] Šajna M. Half-transitivity of some metacirculants[J]. Discrete Mathematics, 1998, 185(1-3): 117–136.

[31] Song S J, Li C H, Wang D J. Classifying a family of edge-transitive metacirculant graphs[J]. Journal of Algebraic Combinatorics, 2012, 35(3): 497–513.

[32] Zhou J X, Zhou S. Weak metacirculants of odd prime power order[J]. Journal of Combinatorial Theory, Series A, 2018, 155: 225–243.

[33] Hoffman A J, Singleton R R. On Moore graphs with diameters 2 and 3[J]. IBM Journal of Research and Development, 1960, 4(5): 497–504.

[34] Conder M, Zhou J X, Feng Y Q, Zhang M M. Edge-transitive bi-Cayley graphs[J]. Available online at http://arxiv.org/abs/1606.04625.

[35] Zhou J X, Feng Y Q. The automorphisms of bi-Cayley graphs[J]. Journal of Combinatorial Theory, Series B, 2016, 116: 504–532.

[36] Folkman J. Regular line-symmetric graphs[J]. Journal of Combinatorial Theory, 1967, 3: 215–232.

[37] Bouwer I Z. An edge but not vertex transitive cubic graph[J]. Canadian Mathematical Bulletin, 1968, 11: 533–535.

[38] Bouwer I Z. On edge but not vertex transitive regular graphs[J]. Journal of Combinatorial Theory, Series B, 1972, 12: 32–40.

[39] Iofinova M E, Ivanov A A. Biprimitive cubic graphs (Russian)[J]. Investigation in Algebric Theory of Combinatorial Objects, 1985: 124–134.

[40] Klin M H. On edge but not vertex transitive graphs[J]. Algebraic methods in graph theory, 1978, I, II: 399–403.

[41] Titov V K. On symmetry in the graphs (Russian)[J]. Voprocy Kibernetiki, 1975, 15: 76–109.

[42] Du S, Marušič D. Biprimitive semisymmetric graphs of smallest order[J]. Journal of Algebraic Combinatorics, 1999, 9(2): 151–156.

[43] Du S, Marušič D. An infinite family of biprimitive semisymmetric graphs[J]. Journal of Graph Theory, 1999, 32(2): 217–228.

[44] Du S, Xu M. A classification of semisymmetric graphs of order $2pq$[J]. Communications in Algebra, 2000, 28(6): 2685–2715.

113

[45] Du S, Wang F, Zhang L. An infinite family of semisymmetric graphs constructed from affine geometries[J]. European Journal of Combinatorics, 2003, 24(7): 897–902.

[46] Wilson S. A worthy family of semisymmetric graphs[J]. Discrete Mathematics, 2003, 271(1): 283–294.

[47] Malnič A, Marušič D, Wang C. Cubic edge-transitive graphs of order $2p^3$[J]. Discrete Mathematics, 2004, 274(1): 187–198.

[48] Feng Y Q, Kwak J H. Cubic symmetric graphs of order a small number times a prime or a prime square[J]. Journal of Combinatorial Theory, Series B, 2007, 97(4): 627–646.

[49] Malnič A, Marušič D, Miklavič Š, Potočnik P. Semisymmetric elementary abelian covers of the Möbius-Kantor graph[J]. Discrete Mathematics, 2007, 307(17): 2156–2175.

[50] Wang C, Chen T. Semisymmetric cubic graphs as regular covers of $K_{3,3}$[J]. Acta Mathematica Sinica, English Series, 2008, 24(3): 405-416.

[51] Cara P, Rottey S, Voorde G V. A construction for infinite families of semisymmetric graphs revealing their full automorphism group[J]. Journal of Algebraic Combinatorics, 2014, 39(4): 967-988

[52] Wang L, Du S. Semisymmtric graphs of order $2p^3$[J]. European Journal of Combinatorics, 2014, 36: 393-405.

[53] Wang L, Du S, Li X. A class of semisymmetric graphs[J]. Ars Mathematica Contemporanea, 2014, 7(1): 40–53.

[54] Han H, Lu Z P. Semisymmetric graphs admitting primitive groups of degree $9p$[J]. Science China. Mathematics, 2015, 58(12): 2671–2682.

[55] Han H. On semisymmetric graphs that admits primitive groups[D]. Tianjin: Nankai University Doctoral Dissertation, 2014.

[56] Du S, Wang L. A classification of semisymmetric graphs of order $2p^3$: unfaithful case[J]. Journal of Algebraic Combinatorics, 2015, 41(2): 275–302.

[57] Potočnik P, Wilson S. Tetravalent edge-transitive graphs of girth at most 4[J]. Journal of Combinatorial Theory, Series B, 2007, 97(2): 217–236.

[58] Potočnik P, Wilson S. Linking rings structures and tetravalent semisymmetric graphs[J]. Ars Mathematica Contemporanea, 2014, 7(2): 341–352.

[59] Potočnik P, Wilson S. Linking rings structures and semisymmetric graphs: Cayley constructions[J]. European Journal of Combinatorics, 2016, 51: 84–98.

[60] Potočnik P, Wilson S. Linking rings structures and semisymmetric graphs: Combinatorial constructions[J]. Ars Mathematica Contemporanea, 2018, 15(1): 1–17.

[61] Parker C W. Semisymmetric cubic graphs of twice odd order[J]. European Journal of Combinatorics, 2007, 28(2): 572–591.

[62] Feng Y Q, Ghasemi M, Wang C. Cubic semisymmetric graphs of order $6p^3$[J]. Discrete Mathematics, 2010, 310(17): 2345–2355.

[63] Conder M, Malnič A, Marušič D, Potočnik P. A census of semisymmetric cubic graphs on up to 768 vertices[J]. Journal of Algebraic Combinatorics, 2006, 23(3): 255–294.

[64] Liu G X, Lu Z P. On edge-transitive cubic graphs of square-free order[J]. European Journal of Combinatorics, 2015, 45: 41–46.

[65] Lu Z, Wang C, Xu M. On semisymmetric cubic graphs of order $6p^2$[J]. Science in China Series A: Mathematics, 2004, 47(1): 1–17.

[66] Marušič D, Scapellato R, Salvi N Z. A characterization of particular symmetric $(0, 1)$ matrices[J]. Linear Algebra and its Applications, 1989, 119: 153–162.

[67] Nedela R, Škoviera M. Regular embeddings of canonical double coverings of graphs[J]. Journal of Combinatorial Theory, Series B, 1996, 67(2): 249–277.

[68] Lauri J, Mizzi R, Scapellato R. Unstable graphs: a fresh outlook via TF-automorphisms[J]. Ars Mathematica Contemporanea, 2015, 8(1): 115–131.

[69] Marušič D, Scapellato R, Salvi N Z. Generalized Cayley graphs[J]. Discrete Mathematics, 1992, 102(3): 279–285.

[70] Surowski D. Stability of arc-transitive graphs[J]. Journal of Graph Theory, 2001, 38(2): 95–110.

[71] Surowski D. Automorphism groups of certain unstable graphs[J]. Mathematica Slovaca, 2003, 53(3): 215–232.

[72] Wilson S. Unexpected symmetries in unstable graphs[J]. Journal of Combinatorial Theory, Series B, 2008, 98(2): 359–383.

[73] Bosma W, Cannon J, Playoust C. The MAGMA algebra system I: The user language[J]. Journal of Symbolic Computation, 1997, 24(3/4): 235–265.

[74] Watkins M E. A theorem on Tait colorings with an application to the generalized Petersen graphs[J]. Journal of Combinatorial Theory, 1969, 6: 152–164.

[75] Frucht R, Graver J E, Watkins M E. The groups of the generalized Petersen graphs[J]. Mathematical Proceedings of the Cambridge Philosophical Society, 1971, 70: 211–218.

[76] Krnc M, Pisanski T. Characterization of generalized Petersen graphs that are Kronecker covers[J]. Available online at http://arxiv.org/abs/1802.07134.

[77] Bondy J A, Murty U S R. Graph Theory with Applications[M]. New York: Elsevier North Holland, 1976.

[78] Biggs N. Algebraic Graph Theory, Second Edition[M]. Cambridge: Cambridge University Press, 1993.

[79] Wielandt H, Finite Permutation Groups[M]. New York: Academic Press, 1964.

[80] Kovács I. Classifying arc-transitive circulants[J]. Journal of Algebraic Combinatorics, 2004, 20(3): 353–358.

[81] Li C H. Permutation groups with a cyclic regular subgroup and arc transitive circulants[J]. Journal of Algebraic Combinatorics, 2005, 21(2): 131–136.

[82] Li C H. On isomorphisms of finite Cayley graphs—a survey[J]. Discrete Mathematics, 2002, 256(1-2): 301–334.

[83] Lorimer P. Vertex-transitive graphs: Symmetric graphs of prime valency[J]. Journal of Graph Theory, 1984, 8(1): 55–68.

[84] Feng Y Q, Kwark J H. Cubic symmetric graphs of order twice an odd prime-power[J]. Journal of the Australian Mathematical Society, 2006, 81(2): 153–164.

[85] Huppert B. Eudiche Gruppen[M]. Berlin: Springer-Verlag, 1967.

[86] Sasaki H. The mod p cohomology algebras of finite groups with metacyclic Sylow p-subgroups[J]. Journal of Algebra, 1997, 192(2): 713–733.

[87] Berkovich Y, Janko Z. Groups of Prime Power Order, Volume[M]. Berlin: Walter de Gruyter GmbH & Co. KG, 2008: 188–189.

[88] Miller G A, Moreno H C. Non-abelian groups in which every subgroup is abelian[J]. Transactions of the American Mathematical Society, 1903, 4(4): 398–404.

[89] Xu M Y, Zhang Q H. A classification of metacyclic 2-groups[J]. Algebra Colloquium, 2006, 13(1): 25–34.

[90] Gorenstein D. Finite simple groups[M]. New York: Plenum Press, 1982.

[91] Marušič D, Pisanski T. Symmetries of hexagonal molecular graphs on the torus[J]. Croatica Chemica Acta, 2000, 73(4): 969–981.

[92] Cheng Y, Oxley J. On weakly symmetric graphs of order twice a prime[J]. Journal of Combinatorial Theory, Series B, 1987, 42(2): 196–211.

[93] Conder M, Dobcsányi P. Trivalent symmetric graphs on up to 768 vertices[J]. Journal of Combinatorial Mathematics and Combinatorial Computing, 2002, 40: 41–63.

[94] Menegazzo F. Automorphisms of p-groups with cyclic commutator subgroup[J]. Rendiconti del Seminario Matematico della Università di Padova, 1993, 90: 81–101.

[95] Feng Y Q, Kwark J H. s-Regular cubic graphs as coverings of the complete bipartite graph $K_{3,3}$[J]. Journal of Graph Theory, 2004, 45(2): 101–112.

[96] Rédei L. Das "schiefe Produkt" in der Gruppentheorie mit Anwendung auf die endlichen nichkommutativen Gruppen mit lauter kommutative echten Untergruppen und Ordnungszahlen, zu denen nur kommutative Grouppen gehören[J]. Commentarii Mathematici Helvetici, 1947, 20: 225–264.

[97] Conder M. https://www.math.auckland.ac.nz/~conder/symmcubic10000list.txt.

[98] Hammack R, Imrich W, Klavžar S. Handbook of Product Graphs[M]. Boca Raton: CRC Press, 2011.

[99] Brualdi R A, Harary F, Miller Z. Bigraphs versus digraphs via matrices[J]. Journal of Graph Theory, 1980, 4(1): 51–73.

[100] Du S F, Wang R J, Xu M Y. On the normality of Cayley digraphs of groups of order twice a prime[J]. The Australasian Journal of Combinatorics, 1998, 18: 227–234.

[101] Zhou J X, Feng Y Q. Cubic vertex-transitive non-Cayley graphs of order $8p$[J]. The Electronic Journal of Combinatorics, 2012, 19(1): P53.

[102] Kutnar K, Petecki P. On automorphisms and structural properties of double generalized Petersen graphs[J]. Discrete Mathematics, 2016, 339(12): 2861–2870.

[103] Alspach B, Liu J. On the Hamilton connectivity of generalized Petersen graphs[J]. Discrete Mathematics, 2009, 309(17): 5461–5437.

[104] Sabidussi G. The composition of graphs[J]. Duke Mathematical Journal, 1959, 26(4): 693–696.